Praxisbuch Bahnsicherung

Dirk Bödeker · Ruedi Hösli · Sepp Moser

AS Verlag

www.as-verlag.ch

AS Verlag & Buchkonzept AG, Zürich 2019
Gestaltung und Herstellung: AS Verlag & Grafik, Urs Bolz, Zürich
Korrektorat: Pablo Egger, Speicher AR
Druck und Einband: Kösel GmbH & Co. KG, Altusried-Krugzell
ISBN 978-3-906055-80-0

Der AS Verlag wird vom Bundesamt für Kultur mit einem
Strukturbeitrag für die Jahre 2016–2020 unterstützt.

Inhalt

Vorwort

Göschenen in den 1960er-Jahren. Auf dem Stellwerkpult im Stationsgebäude leuchten Signale und Weichen. Der Bahnhofsvorstand steuert manuell den Zugsverkehr für die Ein- und Ausfahrt in den Gotthard-Eisenbahntunnel. 50 Jahre später fahren die Züge mit Hochgeschwindigkeit durch den Gotthard-Basistunnel, geleitet vom European Train Control System (ETCS). Erste Bahngesellschaften haben ihr Stellwerk sogar in einer Datenwolke ausgelagert. Vom Stellwerk vor Ort zum Stellwerk in der «Cloud»: Das Sicherungs- und Leitsystem für den Bahnverkehr ist in den vergangenen Jahrzehnten revolutioniert worden.

Als Ingenieur im Bereich Sicherungswesen bei den SBB in der Kreisdirektion II in Luzern habe ich den Wandel vom mechanischen zum elektronischen Schalterwerk mitgestaltet: bei Umbauten von mechanischen, fast historischen Stellwerken oder beim Neubau des ersten elektronischen Stellwerks der Schweiz im Grenzbahnhof Chiasso. Bei der Planung und Umsetzung der Stadtbahn im Kanton Zug habe ich als Leiter des Amts für den öffentlichen Verkehr einen bedeutenden Teil der finanziellen Mittel in die Bahnsicherungstechnik investiert. Es hat sich gelohnt; der Betrieb der Stadtbahn Zug läuft seit über 15 Jahren sicher und äusserst zuverlässig.

Die Digitalisierung und Zentralisierung der Sicherungs- und Leitsysteme hat im Bahnsystem zu Kostenoptimierungen geführt. Trotzdem braucht es noch Menschen, die vor Ort Kontrollen der Gleisanlagen durchführen und den Unterhalt gewährleisten: 365 Tage im Jahr bei jedem Wetter. Schnee, Laub oder eine defekte Weichenheizung können den Bahnverkehr empfindlich stören. Die Streckenwärter sorgen dafür, dass die aus der Ferne gesteuerte Weiche auch vor Ort funktioniert.

Das Bahnsystem Schweiz ist das meist ausgelastete Netz der Welt. Die zunehmende Verdichtung des Fahrplans stellt höchste Anforderungen an die Sicherungs- und Leitsysteme. Auch wenn der Bahnkunde die Bahnsicherungstechnik nicht direkt wahrnimmt, wird ihm spätestens bei Störungsmeldungen bewusst, dass die Technik bei aller Redundanz ausfallen kann.

Möge dieses Handbuch für die Praxis das Wissen über die Bahnsicherung verbreiten und Berufsleute für das faszinierende und für einen erfolgreichen Bahnbetrieb wichtige Thema inspirieren.

Martin Bütikofer
Direktor Verkehrshaus der Schweiz

Einleitung

Einleitung

Die Schweiz ist eines der weltweit führenden Eisenbahnländer: Ihr Eisenbahnnetz wird intensiver genutzt als jedes andere in Europa. Auf dem Netz der Schweizerischen Bundesbahnen (SBB) beträgt die durchschnittliche Zugdichte rund 160 Bewegungen pro Gleis und Tag. Selbst unter Berücksichtigung der zahlreichen anderen Bahnunternehmungen mit überwiegend weniger dichten Fahrplänen erreicht die Schweiz insgesamt die höchste Zugdichte Europas.

Mit der Verkehrsdichte steigt das Potenzial für Unfälle aller Art. Mehr Züge pro Tag und Strecke bedeuten einerseits ganz direkt mehr kritische Situationen. Ebenso heikel sind auch die indirekten Folgen dichter Fahrpläne: Es gibt weniger Zeitreserven für Unterhaltsarbeiten oder die Bereinigung an sich harmloser Unregelmässigkeiten; die Gefahr der Hektik steigt, der Stress für das Personal nimmt zu und mit ihm die Unfallgefahr.

Umso wichtiger ist die konsequente Pflege einer umfassenden Sicherheitskultur, welche eine von Disziplin und Verantwortungsbewusstsein geprägte Arbeitswelt mit technischen Mitteln ausstattet, die Unfälle so weit als möglich bereits im Ansatz verhindern. Letzteres ist das Thema dieses Buches: die Bahnsicherung.

Sie ist eine komplexe und für die meisten Bahnbenutzer unbekannte Welt. Wer würde sich schon Gedanken darüber machen, welcher technische Aufwand erforderlich ist, um zum Beispiel zu verhindern, dass sich unter einem fahrenden Zug eine Weiche umstellt, sodass der hintere Teil der Komposition auf ein anderes Gleis fährt als der vordere? Oder was es braucht, um Züge mit 200 km/h im Zwei-Minuten-Abstand hintereinander zu führen und trotzdem jederzeit darauf vorbereitet zu sein, dass einer von ihnen notfallmässig bremsen muss?

Dies sind nur zwei willkürlich gewählte Beispiele. Sie sind aber insofern typisch, als Bahnsicherung immer einem ganz einfachen Auftrag folgt – dem Auftrag nämlich, Unfälle zu verhindern und die Effizienz zu steigern –, dass dahinter aber immer sehr viel mehr Technik und Komplexität steckt, als sich ein Laie vorstellen kann.

Hier setzt dieses Praxisbuch an. Es versucht, die Komplexität des Themas in eine verdichtete, auch für Laien verständliche Form zu bringen. Dabei folgt es bezüglich Stil, Aufbau und Aufmachung dem 2014 erschienenen «Praxisbuch Fahrbahn» und ist wie jenes ein Teamwork mehrerer Autoren, die sich mit ihren Kompetenzen perfekt ergänzen. Dirk Bödeker ist Leiter des Customer Service und Rollmaterial bei Siemens Mobility, Ruedi Hösli Leiter Sicherungs- und Telekom-Anlagen bei der Südostbahn. Sie sind gemeinsam für den Inhalt des Buches verantwortlich. Der Journalist Sepp Moser hat den Text geschrieben. Als Verfasser des «Praxisbuchs Fahrbahn» und des Buchs «Warnsignal – Schweizer Bahnnetz in Gefahr» (2012) ist er mit der Materie vertraut, aber immer noch Laie genug, um das Wesentliche verständlich formulieren zu können.

Der Aufbau des Buches orientiert sich an dem Ziel, gleichzeitig korrekt sowie kurz und verständlich zu sein. Im Interesse der Leserfreundlichkeit gliedert sich der Text in zwei Teile:

- Die Hauptkapitel behandeln in möglichst knapper Form jeweils ein Element der Bahnsicherung.
- Der Teil «Glossar» ab Seite 135 ist ein Lexikon, wo die im Text vorkommenden Fachbegriffe möglichst einfach erklärt werden. Die erklärten Begriffe sind im Lauftext blau eingefärbt.

SIEMENS

Sicherheit auf Schienen

Sicher – aber nie perfekt

Die Eisenbahn ist ein ausserordentlich sicheres Verkehrsmittel, wenn man sie mit anderen Systemen des Landverkehrs vergleicht. Je nach der angewendeten Methodik (und je nach den Interessen der Organisationen, welche die jeweiligen Statistiken erstellen lassen) unterscheiden sich die Zahlen; in den meisten Fällen kommt die Bahn auf den ersten Platz. Als Beispiel diene der jährlich erstellte Sicherheitsbericht des schweizerischen Bundesamtes für Verkehr (BAV). Er ist erstens ohne Zweifel neutral. Zweitens bezieht er sich immer auf den Durchschnitt der jeweils letzten zehn Jahre, was Verzerrungen durch ausserordentlich gute oder schlechte Jahre verhindert. Gemäss dem letzten vorliegenden Bericht mit Jahrgang 2017 entfiel im Zeitraum 2006 bis 2015 ein tödlich verletzter Bahnreisender auf mehr als 12 Milliarden geleistete Passagierkilometer. Die Vergleichswerte der anderen Landverkehrsmittel sind aus der Grafik ersichtlich; ein Kommentar erübrigt sich.

Eisenbahnunglücke sind heutzutage dermassen selten – und zwar in Europa ebenso wie in Ländern mit einer weniger hoch entwickelten technischen Kultur –, dass selbst Unfälle mit einer verhältnismässig geringen Zahl von Opfern eine weltweite Berichterstattung auslösen. Geschieht dagegen an der gleichen Stelle ein Unfall auf der Strasse, erscheint die Nachricht höchstens im Regionalteil der Zeitungen. Mit

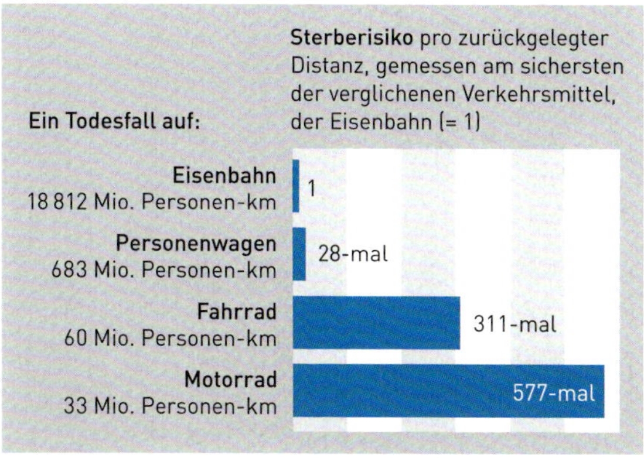

Sicherheit im Vergleich

anderen Worten: Im Vergleich zu anderen Verkehrsmitteln geniesst die Bahn einen Vertrauensbonus; wir erwarten von ihr mehr Sicherheit als von anderen Transportsystemen und sind deshalb besonders überrascht, wenn doch einmal etwas schiefläuft.

Dies hängt damit zusammen, dass wir Risiken ganz allgemein unterschiedlich wahrnehmen und akzeptieren. Je höher unser tatsächlicher oder vermeintlicher Einfluss auf das Geschehen, desto mehr Risiko nehmen wir in Kauf. Als Passagiere eines Eisenbahnzugs haben wir keinen Einfluss auf das Geschehen; deshalb akzeptieren wir weniger Risiko als beim Autofahren, wo wir das (trügerische!) Gefühl haben, die Situation jederzeit kontrollieren zu können.

Das zweite Charakteristikum der Eisenbahn ist ihre lange historische Tradition. Seit 1825, als im nordostenglischen Kohlerevier George Stephensons erste Dampflokomotive einen Güterzug mit Kohle transportierte, funktioniert sie nach dem gleichen Prinzip: Züge aus mehr oder weniger Fahrzeugen bewegen sich auf einem fix verlegten Gleis aus zwei Eisen- bzw. Stahlschienen. Diese Art der Fortbewegung verursacht minimalen Energieaufwand (nur das Schiff ist noch effizienter, aber bedeutend langsamer) und bietet höchste Sicherheit. Spezialisiertes Personal garantiert einen zuverlässigen Betrieb auf der Grundlage strenger Vorschriften und eines ausgeprägten beruflichen Ethos.

Wohl treiben heute statt Dampfmaschinen Elektro- oder Dieselmotoren die Lokomotiven an. Die angehängten Wagen sind länger, komfortabler und schwerer als jene der Urahnen. Die Fahrbahn von heute ist präziser und stabiler gebaut als jene von anno dazumal, was höhe-

Zeichnung von Stephensons erster Lokomotive in der ursprünglichen Ausführung mit schräg stehendem Zylinder.

Vorläufer: Hölzerner Grubenhund (Rumänien, um 1550).

re Lasten und Geschwindigkeiten erlaubt. Aber grundsätzlich hat sich seit Stephensons erstem Güterzug nichts geändert. Theoretisch könnte sogar ein moderner Zug das (in Wirklichkeit längst abgerissene) Originalgleis von anno dazumal befahren, wenn auch nur sehr behutsam. Die Spurweite ist identisch, die Weichen funktionieren nach dem gleichen Prinzip. Ja sogar das oberste Gebot der Bahnsicherheit, dass nämlich auf einem bestimmten Streckenabschnitt zu jedem Zeitpunkt nur ein Zug unterwegs ist, galt schon damals.

Von anderen Verkehrsmitteln, etwa vom Auto oder vom Flugzeug, lässt sich diese Kontinuität nicht behaupten. Beide sind sehr viel jünger als die Eisenbahn: Das erste Fahrzeug, das nach heutiger Auffassung als Automobil bezeichnet werden kann, fuhr 35 Jahre nach Stephensons erstem Zug, und der erste Motorflug gelang nach vorherrschender (und umstrittener) Meinung Ende 1903, also 78 Jahre nach Stephensons historischer Erstleistung. Beide Pioniervehikel sind mit ihren Nachfahren von heute in nichts vergleichbar, ausser hinsichtlich des Grundprinzips ihrer Fortbewegung. Die Fliegerei hat immerhin die von den Bahnen aufgebaute Sicherheitskultur übernommen und in mancher Beziehung perfektioniert; im Übrigen hat sie sich von ihrem Ursprung vollständig gelöst.

Spurgeführt – mit Vor- und Nachteilen

Ein Eisenbahn-Fahrzeug bewegt sich nie frei; es folgt zwingend dem Lauf der Gleise (der «Bahn aus Eisen») und in Abzweigungen jenem

Das System Rad/Schiene
Grundlage der bemerkenswerten technischen Kontinuität der Eisenbahn ist das Prinzip der konsequenten Spurführung. Die Fahrzeuge bewegen sich auf zwei parallelen Schienen; Spurkränze («Wülste») auf den Innenseiten der Räder halten sie in der Spur. Das Prinzip war im Bergbau seit dem späten 16. Jahrhundert bekannt; in «Grubenhunden» (Förderwagen) wurde die Kohle auf Holzschienen durch die Schächte ins Freie gestossen. Mit der Zeit verdrängten Gleise aus Eisen jene aus Holz, einzelne Strecken entstanden im Freien, und die Wagen wurden von Pferden gezogen. Später wurden die Schienen statt auf den Boden direkt auf Holz- oder Steinschwellen gelegt. Um 1800 erschienen die ersten Pferdetrams – und dann kam der historische Moment, der heute als die Geburtsstunde der Eisenbahn gilt: Am 27. September 1825 zog erstmals eine Dampflokomotive einen Kohlezug von Darlington in Nordostengland in Richtung des 8 km entfernten Stockton. Die Spurweite (Abstand zwischen den beiden Eisenschienen) betrug 4 Fuss und 8½ Zoll bzw. 1435 Millimeter, was bis heute weltweit als Normalspur bekannt ist.

Weg, der durch die Stellung der Weichen vorgegeben ist. Der Lokführer gebietet wohl über die Richtung – vor- oder rückwärts – und über die Geschwindigkeit der Fahrt, nicht aber über den einzuschlagenden Weg. Taucht ein Hindernis auf, so kann er diesem nicht ausweichen, sondern höchstens bremsen. Und dies leider nicht besonders gut, denn die Bahn fährt mit Stahlrädern auf Stahlschienen.

Zu schnell in die Kurve: Glacier Express, Fiesch VS, 8.3.2016.

Diese Art der Fortbewegung ist zwar extrem widerstandsarm, das heisst sehr energieeffizient und deshalb als Prinzip seit 200 Jahren unverändert; aber sie hat wegen der bescheidenen Reibung zwischen Stahlrädern und den Stahlschienen sehr lange Bremswege zur Folge. Ein mit 100 km/h fahrender Güterzug benötigt für eine Vollbremsung nahezu 600 m; ein ebenso schneller Lastwagen (beladen) steht bereits nach etwa 90 m still! Die Gefahr der Kollision mit einem Hindernis auf der Fahrbahn – z.B. dem Schuttkegel eines Erdrutsches, einem auf einem Bahnübergang steckengebliebenen Fahrzeug, einem Menschen, einem Tier oder einem anderen Zug – ist deshalb bei der Bahn besonders ausgeprägt.

Typisch für die Eisenbahn ist auch ihr Verhalten bei überhöhter Geschwindigkeit: Der Zug entgleist, und dieser Vorgang ist unumkehrbar! Im Unterschied zum Strassenverkehr, wo ein zu schnell in die Kurve gefahrener Autofahrer die Situation allenfalls noch retten und die Fahrt fortsetzen kann, bleibt ein Zug nach der Entgleisung auch nur einer einzigen seiner vielen Achsen blockiert, und dies meist (wie auch die Fahrbahn) in mehr oder weniger stark beschädigtem Zustand, mit entsprechender Gefährdung seiner Insassen und der Konsequenz eines zuweilen längeren Betriebsunterbruchs.

Grundsatz: Keine Fahrt auf Sicht

Aus den hier beschriebenen Eigenheiten der Eisenbahn – Spurführung, bescheidene Bremseigenschaften und erhebliche Folgen selbst geringer Zwischenfälle – ergibt sich die Erkenntnis, dass der Zugverkehr äusserste Vorsicht verlangt und zumindest ausserhalb klar abgegrenzter Bahnhofanlagen nicht allein auf Sicht erfolgen darf. Durch Betriebsvorschriften, ein hohes Mass an Disziplin des Personals sowie durch technische Massnahmen muss zweierlei sichergestellt sein:

- Erstens darf, um nur eine von vielen Sicherheitsmassnahmen zu erwähnen, ein Zug nur dann in einen bestimmten Abschnitt einfahren, wenn dieser unzweifelhaft frei ist – und frei bleibt, bis der Zug ihn wieder verlassen hat. Dazu gehört, dass die Weichen in der richtigen Lage und die betreffenden Bahnübergänge geschlossen sind – und dies alles unveränderbar, bis der Zug den Abschnitt wieder verlassen hat. Der freie und technisch gesicherte Gleisabschnitt – allenfalls über mehrere Weichen, Bahnübergänge und andere Gleise hinweg – wird Fahrstrasse genannt, und ein Signal gibt die Fahrt frei.
- Zweitens braucht es umfangreiche Vorschriften und immer mehr auch technische Vorkehrungen, um gefährliche Manöver zu erkennen und frühzeitig abzufangen, typischerweise das Überfahren eines «Halt» zeigenden Signals oder die Überschreitung einer vorgegebenen Höchstgeschwindigkeit.

Die Systematik der Gefahren

Im nächsten Kapitel wird auf diese grundlegenden Voraussetzungen der Bahnsicherheit näher eingegangen. Allein schon die summarische Darstellung lässt jedoch die Komplexität des Themas erahnen; deutlicher wird die Sache, wenn man weiter differenziert. Grundsätzlich sind zwei Gruppen von Gefahren auseinanderzuhalten: solche, die von aussen auf den Betrieb einwirken, und solche, die vom Betrieb selber ausgehen.

Die erste Gruppe umfasst die Fahrbahn- und die Umweltgefahren. Sie manifestieren sich in Form des bereits erwähnten Erdrutsches, von Schneelawinen, Felsabbrüchen, umgestürzten Bäumen oder Unterspülungen von Bahndämmen (zusammengefasst als Naturgefahren bezeichnet). Auch technische Pannen wie z.B. der – zum Glück sehr seltene – Schienenbruch, die Beschädigung einer Weiche oder die Blockade eines Bahnübergangs durch ein stecken gebliebenes Auto gehören in diese Kategorie.

Naturgefahren lassen sich nicht abwenden, aber durch Schutzbauten und sorgfältige Fahrbahnpflege vermindern; auf gefährdeten Bergstrecken werden besonders kritische Streckenabschnitte permanent über-

Oben: Naturgefahr Steinschlag.
Unten: Schienenbruch als Folge mangelnden Unterhalts.

wacht oder durch Verbauungen aller Art gesichert. Sensoren schlagen Alarm, wenn Steinschlagnetze durch fallende Felsbrocken bewegt werden, verdächtige Geländebewegungen auftreten oder sich in einem Tunnel der Fels verformt. Aber dennoch lässt sich ein Restrisiko nie zu 100 Prozent ausschliessen.

Anders verhält es sich mit Schienenbrüchen und anderen «Beschädigungen am Gleis», wie sie die Schweizerischen Bundesbahnen in den Pressemeldungen jeweils zu nennen pflegen; sie sind oft das Resultat mangelhaften Unterhalts. Schienen, Schwellen, Schotterbett, Entwässerungen, Dämme, Brücken und Tunnels bedürfen regelmässiger Pflege und Reinigung, die Schienen müssen zudem regelmässig nachgeschliffen werden. Wird der Unterhalt vernachlässigt, wie es in der Schweiz während Jahrzehnten weitherum der Fall war, kommt es früher oder später unweigerlich zu Schäden, wobei oft extreme Temperaturen, Unwetter oder andere vermeintliche Bagatellen als unmittelbare Auslöser wirken. Typische Beispiele sind Spannungen in den Schienen, denen das durch mikroskopisch kleine Schäden bereits geschwächte Material nicht mehr gewachsen ist; ein vernachlässigtes und verschmutztes Schotterbett, welches das Gleis nicht mehr ausreichend zu stabilisieren vermag, und so weiter. Diese Fälle den Naturgewalten anzulasten wäre unfair; sie sind die Folge jahrelanger Vernachlässigung.

Zweierlei haben jedoch alle Arten von Fahrbahn- und Umweltgefahren gemeinsam: Sie treten überraschend auf, und sie führen in jedem Fall zu Störungen des Betriebsablaufs, oft sogar zu einer notfallmässigen Streckensperrung und zu teilweise langwierigen Reparaturarbeiten. Es kann mehrere Wochen dauern, bis die Folgen eines Felssturzes beseitigt sind! Nach einem Felssturz auf die Gotthard-Bergstrecke bei Gurtnellen am 5. Juni 2012 blieb der Verkehr während eines Monats unterbrochen, und die Reparaturarbeiten kosteten rund 20 Millionen Franken – die Verluste wegen der ausgefallenen Züge nicht eingerechnet! (Der Gotthard-Basistunnel war damals noch nicht in Betrieb.)

Die zweite Gruppe der Gefahren sind die sogenannten Betriebsgefahren. Sie sind die Folge der simplen Weisheit, dass nichts und niemand perfekt ist. Technische Einrichtungen können versagen, Computer können wegen eines lange Zeit verborgen gebliebenen Programmfehlers plötzlich irrationale Befehle erteilen. Menschen können sich falsch verhalten, weil sie eine Instruktion nicht richtig verstanden haben, weil sie übermüdet, abgelenkt oder in ihrer Gesundheit beeinträchtigt oder ganz einfach in einer bestimmten Situation überfordert sind. Im Unterschied zu den Naturgefahren, die zwar bezüglich ihrer Auswirkungen beeinflussbar, als solche jedoch zumeist nicht vermeidbar sind, ist jeder Betriebsunfall im Prinzip «überflüssig» in dem Sinne, dass er sich nicht ereignet hätte, wenn alles richtig funktioniert und jeder involvierte Mensch sich situationsgerecht verhalten hätte.

Daraus folgt die grosse Bedeutung einer genauen Untersuchung von Eisenbahnunfällen aller Art. In der Schweiz werden sie, wenn es sich nicht um Bagatellen handelt, von der Eidgenössischen Sicherheitsuntersuchungsstelle SUST genau untersucht und die entsprechenden Berichte im Internet veröffentlicht (www.sust.admin.ch). So kann die

Fachwelt die neuen Erkenntnisse nutzen und dafür sorgen, dass sich der jeweilige Fall nicht wiederholt, soweit dies im menschlichen Ermessen liegt.

Kollisionen als Horrorvision

Die archetypische, wenn auch zum Glück seltene Variante eines Betriebsunfalls ist der Zusammenstoss zweier Züge. In einem solchen Fall hat immer jemand versagt; entweder ein Mensch oder die Technik, mitunter auch beide. Dabei ist die Ursache im Prinzip immer gleich und immer gleich banal: Zwei Züge oder Fahrzeuge sind zum gleichen Zeitpunkt am gleichen Ort unterwegs; das Gesetz «Ein Zug pro Gleisabschnitt» wurde verletzt. Aber warum und unter welchen Umständen?

Die Antwort liegt nicht immer auf der Hand. Dazu ein einfaches, durchaus reales Beispiel: Beim Rangieren müssen sich zwingend meh-

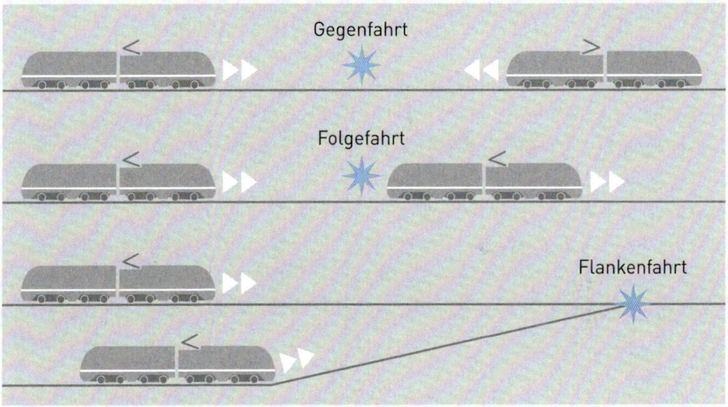

Gegenfahrt, Folgefahrt, Flankenfahrt

Zugskollisionen werden je nach ihrem Ablauf einer von drei Kategorien zugeordnet:

- Bei einer Gegenfahrt kollidieren zwei Züge frontal. Zu Gegenfahrten kann es auch kommen, wenn zum Beispiel abgestellte und (vorschriftswidrig!) ungesicherte Fahrzeuge aus einem Bahnhof auf ein Streckengleis entlaufen und dort mit einem Zug zusammenstossen.
- Man spricht von einer Folgefahrt, wenn ein Zug auf einen vorausfahrenden, langsameren (oder stehenden) Zug auffährt.
- Ein Sonderfall ist die Flankenfahrt: Ein Zug fährt – z.B. über eine Weiche – auf ein bereits besetztes Gleis und stösst mit einem dort stehenden oder fahrenden Zug seitlich zusammen.

rere Fahrzeuge auf dem gleichen Gleis begegnen – aber langsam und kontrolliert. Dennoch ist es zu einer Kollision gekommen. Ist also das Manöver zu «sportlich» erfolgt? Wurde es falsch eingeschätzt? Hat eine Bremse versagt? War ein Beteiligter falsch instruiert? Haben sich die Beteiligten am Funk falsch verstanden?

Kollisionen durch Folge- oder Gegenfahrt (siehe Kasten Seite 25) sind extrem selten und immer die Ursache eines sehr schwerwiegenden menschlichen oder technischen Versagens. Eine Gegenfahrt, zumal auf offener Strecke und mit hoher Geschwindigkeit, endet leider oft mit extremen Schäden, mit Verletzten oder gar Toten – und mit spektakulären Bildern in der Tagesschau. Flankenfahrten sind häufiger und ereignen sich meist in Bahnhöfen sowie mit niedriger Geschwindigkeit; entsprechend gering sind dann die Folgen – dies jedoch nur, wenn auch noch ein wenig Glück im Spiel ist.

Sonderfälle bedeuten erhöhtes Risiko

Eine spezielle und besonders heimtückische Form der Betriebsgefahr erwächst aus der bewussten und im Prinzip korrekten, aber im Detail fehlerhaft ausgeführten Umgehung von Sicherheitsvorschriften. Dieser Satz mag einen Laien schockieren; Sicherheitsregeln sind schliesslich da, um respektiert, nicht um umgangen zu werden! Das ist richtig. Es kann aber zu Situationen kommen, in denen man eine der Sicherheit dienende Vorschrift im Interesse der Verfügbarkeit übertreten muss.

Dazu ein Beispiel aus dem Strassenverkehr: Ein Autofahrer handelt zwar vorschriftswidrig, aber dennoch richtig, wenn er – vorsichtig! – eine Sicherheitslinie überfährt, um eine auf seiner Fahrbahnhälfte lie-

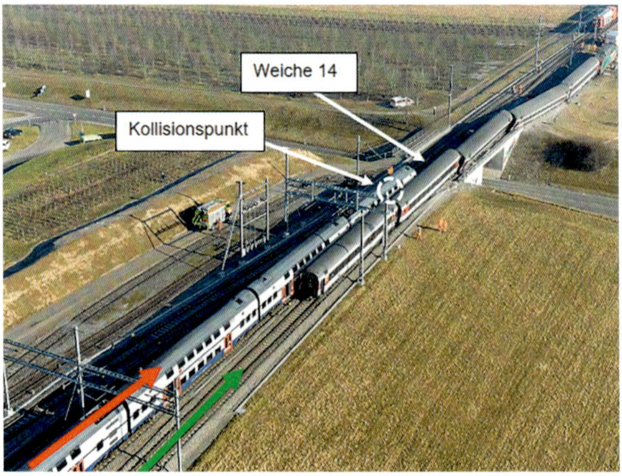

Flankenfahrt Rafz ZH, 20.2.2015: Überholender Schnellzug wird vom anfahrenden Regionalzug seitlich gerammt.

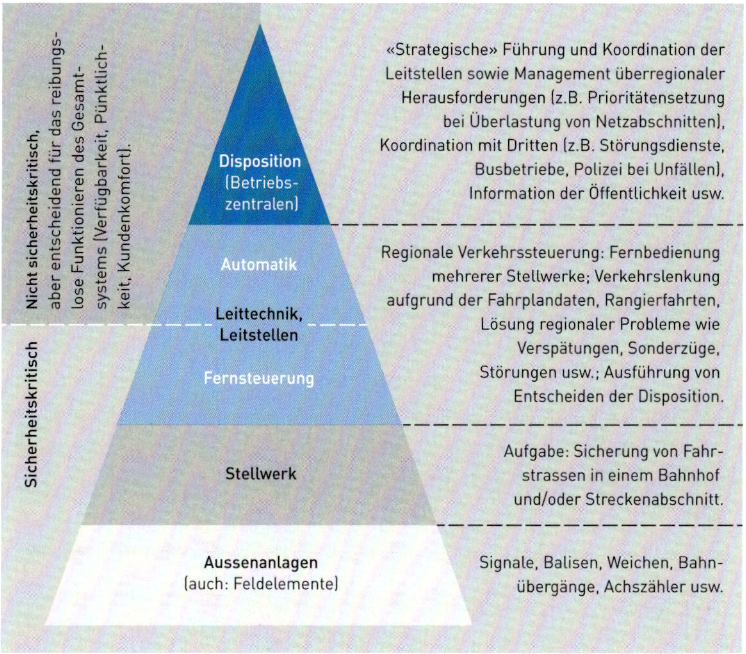

gende Öllache zu umfahren. Der vergleichbare Fall bei der Bahn wäre, wenn sich wegen einer Störung an einem Achszähler ein Rot zeigendes Signal nicht auf Grün umstellen lässt, obwohl der entsprechende Fahrweg ohne jeden Zweifel frei und sicher ist. In solchen Situationen greifen die Verantwortlichen zu speziellen Checklisten. Diese erlauben es, Sicherheitsmassnahmen zu überbrücken und Dinge zu tun, die eigentlich verboten sind. Dies jedoch immer unter der Voraussetzung, dass die wegfallende technische Sicherheit durch mehrfache Kontrollen, Rückfragen, Bestätigungen, Vorsichtsmassnahmen (z.B. Fahrt im Schritttempo) und je nach Situation auch durch die präzise Protokollierung aller Arbeitsschritte kompensiert wird. Trotz aller Vorsicht und Wachsamkeit ist in solchen Situationen das Sicherheitsniveau vorübergehend reduziert.

Über Sicherheit und Verfügbarkeit

Was heisst «Sicherheit»? – Die Frage scheint banal, ist es aber nicht. In erster Linie geht es natürlich um die Vermeidung von Unfällen. Jeder Unfall bedeutet im Minimum Ärger für die Betroffenen und im Extremfall den Tod von Menschen sowie mitunter sehr grosse materielle Schäden.

Damit ist es aber nicht getan. Die Bahn soll nicht nur ohne Schaden fahren, sondern auch zuverlässig; das ist sie den Fahrgästen ebenso schuldig wie der Volkwirtschaft, für die sie zentrale Dienstleistungen erbringt. Zur Sicherung des Bahnverkehrs gehört deshalb auch die Aufrechterhaltung seiner Verlässlichkeit; die Fachleute reden von **Verfügbarkeit**.

Darunter versteht man die Wahrscheinlichkeit, dass die Bahn als Transportsystem so funktioniert, wie sie es im Idealfall sollte. Jeder Mensch versteht, dass eine Verfügbarkeit von 100% im wirklichen Leben nicht erreichbar ist. Irgendwo wird immer ein Computer ausfallen, eine Weiche klemmen oder eine Sicherung durchbrennen. Auch vorübergehende und bewusste Einschränkungen wie Streckensperrungen wegen Bauarbeiten, Revisionen von Anlagen, Updates von Computerprogrammen und Ähnlichem sind unvermeidlich und bringen Unruhe ins System. Die Frage ist nur, wie viel! Überschreiten die Probleme und mit ihnen die Anforderungen an Mensch und Technik ein gewisses Mass, können sie sich auf die Sicherheit auswirken. Hektik ist der schlimmste Feind der Sicherheit!

Die Bahn soll auch unter erschwerten Umständen funktionieren; geringfügige Alltagsprobleme sollen durch das System selber aufgefangen werden können. So sind die Sicherungsanlagen wo immer möglich entweder doppelt (**redundant**) oder zumindest nach dem sogenannten «**fail-safe**»-Prinzip ausgelegt. Dabei dient streng genommen das «fail-safe»-Prinzip der Sicherheit im Sinne der Risikoverminderung, wogegen die Redundanz in erster Linie die Verfügbarkeit sichert, also die Zuverlässigkeit des Betriebs, und erst in zweiter Linie der Sicherheit dient.

Redundanz

Zunächst zur **Redundanz**, umgangssprachlich «doppelt genäht hält besser»: Aussenanlagen wie **Signale**, mit Schranken gesicherte **Bahnübergänge** usw. sind bei neueren Anlagen von beiden Seiten her – also streckenaufwärts und -abwärts – an das Stromnetz und an das Stellwerk angeschlossen. Der Ausfall einer der beiden Verbindungen führt dann nicht zu einem Betriebsunterbruch, sehr wohl jedoch zu einer Meldung an den Unterhaltsdienst zwecks sofortiger Reparatur des Schadens. Auch **Stellwerke** und andere für die Betriebsabwicklung unerlässliche Anlagen sind redundant aufgebaut. Dies gilt bis hinauf in die höchste Ebene: Die SBB führen ihr Netz von vier **Betriebszentralen** aus; jede bedient eine Region (siehe Seiten 115ff.). Fällt eine dieser Zentralen aus, kann jede der drei anderen ihre Aufgabe nahtlos übernehmen. Im abso-

n Sinne der Redundanz lassen sich viele Doppelspurgleise in beiden Richtungen befahren
oben), und kritische Arbeiten werden zu zweit oder zu dritt ausgeführt (unten).

luten Extremfall lässt sich das ganze SBB-Netz sogar von der separat betriebenen Leitstelle der BLS aus führen – mit einer eingeschränkten Kapazität zwar, aber ohne Einbussen bei der Sicherheit!

Weitgehende Redundanz aller Systeme von der Doppelspur über die redundant geführte Stromversorgung bis hin zu parallel laufenden Computern schafft Freiraum für die rasche Reaktion auf Unvorhergesehenes und die Vermeidung von unnötigem Stress. Dazu kommen Checklisten für alle denkbaren Problemfälle; sie sind die beste Medizin gegen Hektik und Nervosität!

Das Prinzip «fail-safe»

Genügt die Redundanz nicht, kommt das Prinzip «fail-safe» zum Tragen. Der Begriff setzt sich aus den englischen Wörtern für «versagen» und «sicher» zusammen und bedeutet, dass ein sicherheitsrelevantes System bei einer Störung, wenn immer möglich, zwangsläufig auf die sichere Seite «kippen» soll. So kann ein Signal erst dann die freie Fahrt zulassen, wenn zuvor sämtliche Weichen des betroffenen Streckenabschnitts bestätigt haben, dass sie korrekt stehen und gesichert sind. Fehlt diese Rückmeldung auch nur von einer einzigen Weiche, bleibt der Gleisabschnitt gesperrt. Logischerweise gilt auch das Umgekehrte: Solange der Zug auf dem Streckenabschnitt ist, bleiben die betreffenden Weichen blockiert und können nicht mehr umgestellt werden.

Nach dem «fail-safe»-Prinzip konstruierte und zusätzlich noch redundant ausgelegte Anlagen sind ein Grund dafür, dass ein Eisenbahnnetz sehr viel teurer ist als ein entsprechendes Strassennetz. Das ist insofern logisch, als auf der Strasse die einzelnen Fahrzeuglenker selbstständig und spontan ihren Weg suchen und für die Sicherheit verantwortlich sind; der Staat stellt nur die «nackte Fahrbahn» zur Verfügung – und er sorgt für die Polizei, wenn einmal etwas schiefgeht! Die Bahn dagegen ist ein integriertes System; für die Sicherheit sind sowohl die Infrastruktur wie der Betrieb verantwortlich. Deshalb ist alles mehrfach abgesichert.

Und schliesslich gilt auch für das Verhalten des Personals das Prinzip namens fail-safe: Im Zweifelsfall auf die sichere Seite kippen, die Signale manuell auf Rot stellen und erst wieder fahren, wenn alles klar und gesichert ist. Ein stehender Zug ist immer ein sicherer Zug!

Nur nebenbei sei erwähnt, dass grössere Bahnunternehmungen den beschriebenen Grundsatz der mehrfachen Absicherung auch auf der Ebene der Unternehmensstrategie anwenden. Bei der Beschaffung sicherheitskritischer Anlagen, zum Beispiel von Stellwerken, berücksichtigen sie, wenn immer möglich, mehr als einen Lieferanten. So bleibt in

Verspätung: ärgerlich, aber ungefährlich!

der Industrie ein aktiver, die Sicherheit fördernder Wettbewerb erhalten. Er garantiert günstige Kosten, vor allem aber die dauernde Weiterentwicklung aller Systeme und ihrer Komponenten.

Das meiste ist nur ärgerlich

Ähnlich wie die Computertechnik tendiert auch die Eisenbahn-Sicherungstechnik zu immer mehr Leistung bei steigender Zuverlässigkeit und sinkenden Kosten. Der alltägliche Druck auf die Betreiber und ihr Personal ist hoch, und Unregelmässigkeiten sind im hektischen Alltagsbetrieb nicht zu vermeiden. Die allermeisten von ihnen sind jedoch allenfalls ärgerlich, aber nicht gefährlich. Zumeist handelt es sich nicht um Unfälle, sondern lediglich um Störungen, das heisst um Vorkommnisse und Pannen ohne Auswirkungen auf die Betriebssicherheit. Ein Stromausfall, ein Computer-Absturz, eine defekte Schranke an einem Bahnübergang, ein Zug, der wegen einer klemmenden Türe nicht abfahren kann oder wegen einer technischen Panne unterwegs liegen bleibt – all diese (und unzählige weitere) Ereignisse bringen niemanden in Gefahr. Selbst eine Zugtrennung, also der Bruch einer Kupplung unterwegs, ist kein Unfall, weil in diesem spektakulären (und extrem seltenen) Fall beide Zugteile infolge des Druckverlusts in der Hauptbremsleitung sofort stehen bleiben würden. Dadurch wäre das Gleis automatisch blockiert und einzig noch für den Lösch- und Rettungszug zugänglich, sodass dieser Pannenhilfe leisten kann.

Ospizio Bernina

Ein Zug pro Gleisabschnitt

Die sichere Fahrt eines Zuges von A nach B setzt voraus, dass die Strecke in gutem Zustand sowie frei von Hindernissen und anderen Zügen ist. Eine Fahrt «auf gut Glück» wie im Strassenverkehr (nach dem Grundsatz «Aufmerksam bleiben und Hindernissen ausweichen») kommt angesichts der systembedingten Eigenschaften der Eisenbahn nicht infrage: Ihre Fahrzeuge sind an die Fahrbahn gebunden, können also einem Hindernis nicht ausweichen, und sie haben einen sehr langen Bremsweg, müssen also vor «Überraschungen» aller Art geschützt werden.

Theoretisch liesse sich ein hohes Mass an Sicherheit durch langsame Fahrt «auf Sicht» erzielen. In den Anfangszeiten der Eisenbahn war es so, und in speziellen Fällen reicht dies tatsächlich auch heute noch auch für den Alltagsbetrieb. Zum Beispiel bei kleinen Bergbahnen mit bescheidenem Verkehr, geringer Fahrgeschwindigkeit und über-

Fahren im Zeitabstand – damals auch ohne Signale sicher!

sichtlicher Strecke. Bekannt ist das Beispiel der Bergbahn Rheineck-Walzenhausen im Nordosten der Schweiz. Die 2 km kurze Spezialspurbahn (1200 mm Spurweite) besteht aus einem Gleis mit einer einzigen, zum Depot führenden Weiche, auf dem ein einzelner Triebwagen hin und her fährt. Eine Kollisionsgefahr mit einem anderen Zug besteht somit nicht, und bei einem Hindernis auf der Strecke oder auf einem der beiden Bahnübergänge könnte der Wagenführer rasch reagieren. Ähnlich verhält es sich bei Strassenbahnen im Stadtverkehr. Sie gelten als Teil des Strassenverkehrs, fahren nur langsam und geniessen in den meisten Situationen den Vortritt, was die anderen Verkehrsteilnehmer zu besonderer Achtsamkeit animiert (siehe Artikel 38 des Strassenverkehrsgesetzes: «Der Strassenbahn ist das Geleise freizugeben und der Vortritt zu lassen.»).

Doch dies sind Spezialfälle. In der Welt der «normalen» Eisenbahnen wäre ein wirtschaftlicher und sicherer Betrieb unter vergleichbaren Voraussetzungen undenkbar. Deshalb gilt dort seit jeher das Prinzip, dass auf einem bestimmten Gleisabschnitt unter allen Umständen immer nur ein Zug unterwegs sein darf. Dieser ist gewissermassen der «Besitzer» des betreffenden Gleisabschnitts, blockiert ihn und gibt ihn erst wieder frei, wenn er ihn verlassen hat. So lassen sich Folgefahrten und Gegenfahrten ausschliessen. Auf der freien Strecke zwischen den Bahnhöfen werden die entsprechenden Gleisabschnitte Blockabschnitt genannt. Damit das Ganze funktioniert, müssen die Endpunkte der einzelnen Abschnitte überwacht und die Zugpositionen jederzeit bekannt sein.

Mit den heutigen technischen Mitteln ist diese Aufgabe leicht lösbar – aber in der Frühzeit der Eisenbahn war sie eine grosse Herausforderung. In der Regel wurde der Bereich zwischen zwei Stationen als Blockabschnitt definiert. Da zu jener Zeit alle Stationen mit Personal besetzt waren – nicht zuletzt um die handbedienten Weichen zu stellen, allenfalls auch zur Versorgung der Dampflokomotiven mit Wasser und Kohle –, konnten sich die Stationsvorstände untereinander absprechen. Dies geschah je nach dem Stand der Technik mit unterschiedlichen technischen Mitteln.

Fahren im Zeitabstand …

Das einfachste Mittel zur Sicherung des Zugverkehrs war – und ist bis heute! – der Fahrplan. Wenn alle Diensthabenden in den Stationen und auf den Zügen unmissverständlich wissen, wann welcher Zug von A nach B fährt und wann sich zwei Züge wo kreuzen, kann im Prinzip nichts schiefgehen – solange der Betrieb nach Fahrplan läuft und sich alle Beteiligten an diesen halten. Jeder Lokführer wird den Gegenzug ab-

Stafettenübergabe in Indien aus fahrendem Zug mittels Auffangkorb.

warten und kein Stationsvorstand auf die Idee kommen, ihn vorzeitig abfahren zu lassen. Die grossen, schnörkellosen und in ihrer Klarheit nicht zu überbietenden Bahnhofuhren erinnern uns bis heute an jene Zeiten, in denen es weder Armband- noch Quarzuhren gab. In vielen Ländern ist das Duo «Fahrplan und Uhr» heute noch das wichtigste Element der Bahnsicherheit. Die Züge fahren, wie die Eisenbahner sagen, im Zeitabstand.

... oder im Raumabstand

Doch nichts ist perfekt: Züge verspäten sich, fallen aus, verkehren ausserplanmässig; Uhren können defekt und Lokführer oder Stationsvorstände unachtsam sein. Es braucht also noch mindestens ein weiteres, von Uhr und Fahrplan unabhängiges Sicherheitselement als Absicherung gegen Frontalkollisionen oder Auffahrunfälle. Die Lösung heisst «Fahrt im Raumabstand». Die Strecke wird in Abschnitte aufgeteilt, die zu jeder Zeit mit maximal einem Zug belegt sind.

In Gegenden ohne Stromversorgung bildeten anfänglich die Gleise zwischen je zwei Stationen einen solchen Abschnitt, und Stafetten dienten als Sicherungsinstrument: Holzstäbe mit einer aufgenieteten Metallplatte, auf der die beiden Endpunkte eines Blockabschnitts eingraviert waren. Für jeden Abschnitt gab es nur eine Stafette, und der Lokführer durfte erst abfahren, nachdem er vom Stationsvorstand die richtige Stafette erhalten hatte. Bei der Ankunft im nächsten Bahnhof musste er die Stafette dem dortigen Vorstand übergeben, der sie später an den Lokführer des Gegenzugs aushändigte. So war sichergestellt, dass nicht plötzlich zwei Züge auf Kollisionskurs fuhren. Auch heute noch ist dieses Verfahren z.B. in Indien verbreitet (Bild S. 35).

Bei diesem Verfahren waren erstmals zwei unterschiedliche Personengruppen für die Betriebssicherheit verantwortlich: das Stationspersonal für die Regelung des Verkehrs (Übergabe der Stafette und Erteilung des Abfahrbefehls) und das Fahrpersonal für die Durchführung der Fahrt – eine Teilung von Aufgaben, Kompetenzen und Verantwortung, die grundsätzlich bis heute gilt, auch wenn die Funktionen des Stationspersonals mehr und mehr von Zugverkehrsleitern wahrgenommen werden, die weit entfernt in einem grossen Kontrollzentrum vor Bildschirmen sitzen.

Telegrafen als Kommunikationsmittel

Das Stafetten-System der Pionierzeit war einfach und narrensicher, hatte jedoch den entscheidenden Nachteil, dass es keine zwei hintereinander in gleicher Richtung fahrende Züge zuliess. Denn ein Zug konnte dem vorausfahrenden erst dann nachfolgen, wenn zuvor ein Gegenzug die Stafette zurückgebracht hatte. In den Anfangszeiten mit nur wenigen Zügen pro Tag war dies kein Problem; dichteren Fahrplänen war das System jedoch nicht gewachsen. Schon bald ermöglichten einfache optische Telegrafen die direkte Kommunikation zwischen jeweils zwei benachbarten Stationen und damit auch eine technisch unterstützte Regelung der Zugfolge. Es waren Masten mit beweglichen Signalflügeln, die je nach ihrer Stellung eine andere Botschaft übermittelten. So konnten sich benachbarte Stationsbeamte über angekommene und abgefahrene Züge verständigen, auch wenn sich mehrere Züge nacheinander in gleicher Richtung bewegten.

Leider funktionierte dieses Verfahren nur bei Tag und guter Sicht. Bereits im Jahre 1837 kam jedoch in England erstmals ein elektrischer und damit von direkten Sichtverbindungen unabhängiger Telegraf zum Einsatz. Im gleichen Jahr erfand Samuel Morse sein bis heute verwendetes Codesystem, und ab etwa 1870 wurde die elektrische Nachrichtenverbindung im Eisenbahnwesen zum Standard.

In der Schweiz setzte sich ein System durch, welches die elektrischen Signale des Telegrafen durch mechanisch (mittels Uhrwerk) angetriebene Signalglocken (Läutwerk genannt) hörbar machte. Unterschiedliche Abfolgen von zwei verschiedenen Tönen verkündeten dem jeweils benachbarten Stationsvorstand die Ein- oder Ausfahrt eines Zuges in einen oder aus einem bestimmten Blockabschnitt. Auf älteren Bahnhofanlagen sind diese Apparate vereinzelt zu sehen, wenn auch längst ausser Betrieb. Sobald auf diese Weise die freie Fahrt bestätigt war, gab der Stationsvorstand dem Lokführer mit der Signalkelle und allenfalls mit einer Trillerpfeife den Abfahrbefehl.

Altes Läutwerk als «Museumsstück».

Eine neue Herausforderung waren die ersten Schnellzüge, die nicht mehr in jedem Bahnhof anhielten. Für sie übernahmen Signale – funktional gesehen nichts anderes als optische Telegrafen – die Aufgaben des Stationsvorstands. Ihre beweglichen Flügel symbolisierten Signalkellen und verkörperten je nach ihrer Stellung unterschiedliche Fahrbegriffe, zum Beispiel «Halt», «langsame Fahrt» oder «freie Fahrt». Dank ihrer Grösse waren diese sogenannten Formsignale aus dem Seitenfenster einer Dampflokomotive besser erkennbar als die Kelle des am Gleis stehenden Stationsvorstands, vor allem bei voller Fahrt und schlechter Sicht. Bei Nacht entzündeten die Stationsbeamten Petrollampen, die am Signalmast nahe beim Drehpunkt der Flügel befestigt waren. Farbfilter an den Signalflügeln schwenkten je nach der Signalstellung so vor die entsprechende Lampe, dass der Lokführer ein rotes oder ein grünes Licht sah – die Vorstufe zum heute noch gebräuchlichen Lichtsignal …

Bedient wurden die Signale anfänglich an Ort und Stelle, schon bald jedoch zentral (und, wie man heute sagen würde, effizienter) aus einem Stellwerk. Kleinere Stationen verfügten über ein Stellwerk, grössere über mehrere. Von hier aus führten Drahtseilzüge oder – in der Schweiz eher selten – mechanische Gestänge zu den Signalen; durch grosse Hebel und mit erheblichem Kraftaufwand liessen sich die Signalflügel in die verschiedenen Stellungen bewegen und dort fixieren. Auf die gleiche Weise liessen sich mit der Zeit auch Weichen vom Stellwerk aus fernbedienen und verriegeln. (Mehr hierzu siehe Seiten 63 und 95.)

Differenzierte Betriebsstruktur

So ergab sich auf natürliche Weise eine sinnvolle Betriebsstruktur: Der Stellwerkwärter war dafür zuständig, nach den Vorgaben des Fahrplans und entsprechend den Anweisungen des Stationsvorstands die Weichen und Signale so zu stellen, dass der Verkehr ordnungsgemäss ablief und es nicht zu Kollisionen kam. Dank des Glockentelegrafen wusste er – ebenso wie der Stationsvorstand –, ob die Strecke frei war oder nicht.

Der Stationsvorstand seinerseits war der Chef, und als solcher überwachte er den Verkehr, das Ein- und Aussteigen der Fahrgäste, den sicheren Zustand der Züge (Bremsen in Ordnung? Keine Beschädigungen? Türen geschlossen?), die Stellung von Weichen und Signalen sowie die Einhaltung des Fahrplanes. War alles in Ordnung, erteilte er mit seiner Signalkelle und der Trillerpfeife den Abfahrbefehl.

Auch bei der Durchfahrt eines Schnellzuges stand der Bahnhofvorstand am Gleis, dann jedoch vor allem, um Fussgänger fernzuhalten. Dank der grossen, schon von Weitem erkennbaren Formsignale konnten die Züge im Normalfall ohne Halt und mit relativ hoher Geschwindigkeit direkt in den nächsten Blockabschnitt einfahren.

An diesem Prinzip hat sich bis heute nichts geändert, nur die technischen Mittel sind nicht mehr dieselben. Auf die Signalglocken als Kommunikationsmedium folgten das Telefon, der Telex und später die heute noch verwendeten elektrotechnischen Übermittlungstechniken. Diese ermöglichen die Aufteilung längerer Strecken in mehrere fernbediente Blockabschnitte und eine entsprechende Verringerung des Abstandes zwischen zwei sich folgenden Zügen. Die anfänglich rein mechanischen Stellwerke wurden zunächst von elektromechanischen, später elektro-

Notsignal, in einigen Ländern heute noch üblich: Bleibt ein Zug liegen, legt dessen Mannschaft eine Sprengkapsel aufs Gleis. Der nächste Zug löst einen Knall aus, der Lokführer bremst.

Zürich Hauptbahnhof um 1950: keine Elektronik, dafür viel Personal.

nischen Anlagen abgelöst und werden heute von zentralen Leitstellen aus fernbedient.

Auch für die Überwachung der Blockabschnitte sind nicht mehr Menschen zuständig: Achszähler vergleichen die Anzahl der Achsen des Zuges am Anfang und am Ende eines Blockabschnitts und geben diesen nur frei, wenn die beiden Zahlen übereinstimmen. So ist auch für den seltenen Fall vorgesorgt, dass ein Zug unterwegs einen Wagen verliert, denn in diesem Fall wäre es technisch unmöglich, den Blockabschnitt für einen anderen Zug freizugeben. In den Stationen überwachen Achszähler oder Gleisstromkreise die Belegung von Gleisen, letztere, indem sie das elektrische Prinzip des Kurzschlusses durch die Wagenachse auswerten. Bald werden auch diese Einrichtungen überholt sein. Die Züge werden ihre Integrität selber überwachen, die Daten über den Zustand der Fahrzeuge sowie den Ablauf der Fahrt ohne menschliches Dazutun an die Leitstelle übermitteln und die von Letzterer gesendeten Anweisungen exakt ausführen. Dann wird es auch keine Blockabschnitte im klassischen Sinn mehr brauchen, keine Signale und wohl eines Tages auch keine Lokomotivführer mehr.

Doch bis dahin ist es noch ein weiter Weg mit vielen Windungen und Hindernissen. In den folgenden Kapiteln wenden wir uns der Gegenwart zu; sie ist spannend genug.

Signale

Signale dienen dazu, dem Lokomotivführer Anweisungen mitzuteilen. Sie sind also die Schnittstelle zwischen der Technik – Infrastruktur und Sicherungseinrichtungen – und dem Menschen. Wie im Strassenverkehr, so gibt es auch bei der Bahn Signaltafeln mit einer stetigen Botschaft (Hinweis, Befehl oder Verbot) sowie Lichtsignale mit wechselnder Bedeutung. Dazu kommen Hup- bzw. Pfeifsignale als Warnung.

Signaltafeln

Signaltafeln kennzeichnen analog zum Strassenverkehr beispielsweise die zulässige Höchstgeschwindigkeit, wenn diese von der allgemein gültigen Streckengeschwindigkeit abweicht. Dies ist bei Baustellen der Fall, aber auch bei engen Gleisbögen, welche der Sicherheit zuliebe mit reduziertem Tempo befahren werden müssen. Eine Vorsignaltafel weist den Lokführer auf die bevorstehende Geschwindigkeitsreduktion hin, ein Anfangssignal markiert den Beginn des entsprechenden Streckenabschnitts und ein Endsignal dessen Ende. In ähnlicher Weise werden Steigungen und Gefälle markiert (damit der Lokführer entsprechend mehr Leistung setzen oder bremsen kann), aber auch andere spezielle Situationen wie die sogenannten Schutzstrecken, also jene kurzen Stellen, die im Leerlauf durchfahren werden müssen, weil dort zwei Sektoren der Fahrdrahtspeisung aneinanderstossen.

Signaltafel «Ende der Geschwindigkeitsreduktion».

Signaltafeln sind im Normalfall reine Hinweistafeln; sie weisen auf einen dauernden oder zumindest für längere Zeit gültigen Zustand hin und sind technisch nicht abgesichert. Sie zu befolgen liegt somit allein in der Verantwortung des Lokomotivführers. Deshalb sind – genau wie auf der Strasse – Unfälle wegen zu schnellen Fahrens bei der Bahn zwar sehr selten, aber möglich, wie zum Beispiel am 23. Juli 2010 im Obergoms: Nach einer engen Kurve beschleunigte der Glacier-Express zu früh, der hinterste Wagen sprang aus den Schienen, eine Person starb und 30 weitere wurden verletzt (siehe Bild auf Seite 21).

Betriebs- und Hinweissignale

Veränderliche Signale versorgen den Lokführer mit unterschiedlichen, situationsabhängigen Informationen und Befehlen. Bezüglich der Sicherheit sind sie von unterschiedlicher Bedeutung. Gewisse Signale übermitteln rein betriebliche Anweisungen, wie zum Beispiel das Lichtsignal vor fakultativen Haltepunkten im ländlichen Regionalverkehr («Halt auf Verlangen»). Dieses Signal blinkt, wenn an der Haltestelle ein Fahrgast zusteigen möchte. Bleibt es dunkel und hat auch im Zug niemand den Halteknopf gedrückt, darf der Lokführer die Haltestelle ohne Stopp durchfahren. Missachtet er das blinkende Signal, riskiert er höchstens, nach der Beschwerde eines sitzen gelassenen Fahrgasts vom Chef zitiert zu werden; eine Gefahr besteht jedoch nicht.

Rein informativen, in diesem Falle warnenden Charakter haben auch jene orangen bzw. weissen Blinklichter, die in Baustellenbereichen und in Bahnhöfen die Durchfahrt eines Zugs ankündigen. Sie sollen das Personal auf der Baustelle bzw. jene Reisenden, die auf dem Bahnsteig auf einen nachfolgenden Regionalzug warten, zu vorsichtigem Verhalten animieren. Zugdurchfahrten erfolgen selbst in bedeutenden Bahnhöfen mit bis zu 120 km/h und sind allein schon wegen der entstehenden Luftwirbel viel gefährlicher als allgemein bewusst; die allzeit freie Zugänglichkeit der Bahnsteige ist deshalb eines der grossen ungelösten (und verdrängten) Sicherheitsprobleme der Schweizer Bahnen. Bei Bergbahnen, die mit Geschwindigkeiten von wenigen Zentimetern pro Sekunde in die Stationen förmlich hineinschleichen, werden die zum Einsteigen bereitstehenden Fahrgäste bis zum Stillstand des Fahrzeuges durch Schranken zurückgehalten; Intercity- und Güterzüge fahren dagegen routinemässig und ungebremst nur wenige Meter neben spielenden Kindern vorbei. Unter Fachleuten gilt diese Sicherheitslücke als eine gewichtige Pendenz in Sachen Personensicherheit.

Besser als in den Bahnhöfen sieht die Sicherheitslage auf der Strecke aus. Hier verdient sich die Bahn das hohe Ansehen, das sie bezüglich der

Batterie von Flügelsignalen. Herausforderung für den Lokomotivführer: Welches gilt für mich?

Betriebssicherheit geniesst. Und dies nicht erst heute, denn schon die ersten veränderlichen Signale im frühen Dampflok-Zeitalter verkörperten eine erstaunlich reife und differenzierte Sicherheitskultur.

Form- bzw. Flügelsignale

Erinnern wir uns: Die klassischen Form- oder Flügelsignale, wie wir sie aus historischen Filmen kennen und auch heute noch antreffen (bei der Deutschen Bahn werden sie sogar im Zuge von Streckenrevisionen nach wie vor neu aufgestellt), sind aus den mechanischen Telegrafen der technischen Frühzeit hervorgegangen. Dienten jene der Verständigung zwischen den Streckenverantwortlichen benachbarter Stationen, wurden mit den Flügelsignalen die entsprechenden Anweisungen an die Lokführer übermittelt. Bedient wurden die Signale von einem benachbarten Bahnhofstellwerk aus mittels Drahtzug; neuere Anlagen funktionieren elektrisch. Je nach Typ des Signals sind markante Arme, Kellen, Scheiben oder andere gut erkennbare Formelemente beweglich an einem neben dem Gleis stehenden Mast angebracht. Je nach ihrer Stellung ergeben sich verschiedene Signalbilder mit jeweils einer klar zugeordneten Botschaft.

In der einfachsten Form ist ein einziger Flügel vorhanden; mit seiner runden Endscheibe ist er jener Kelle nachempfunden, mit welcher der Bahnhofvorstand früher den Abfahrtbefehl erteilte. Im Ruhezustand («Halt») steht der Flügel horizontal wie ein ausgestreckter Arm; zeigt er nach schräg oben, ist die Fahrt frei. Die Konstruktion ist so ausgelegt, dass der Signalflügel im Falle eines Drahtbruchs dank der Schwerkraft

Linkes Signal: Halt. Rechtes Signal: Fahrt mit reduzierter Geschwindigkeit. Das Bild stammt aus Deutschland, wo Rechtsverkehr herrscht. Die Schweizer Bahnen fahren im Normalfalls links.

in die Stellung «Halt» fällt. Dies zeigt, dass schon die ältesten Sicherheitseinrichtungen der Eisenbahn nach jenem Prinzip gebaut waren, das man heute «Fail-safe» nennt. Tatsächlich sind auch heute sämtliche Elemente der Bahnsicherung bis hin zu den modernsten Computersteuerungen so gebaut, dass beim Auftreten einer Störung alles «auf die sichere Seite kippt», will heissen: dass kein Zug in den betroffenen Gleisabschnitt einfahren kann. Einzig bei modernen Lichtsignalen ist diese Logik nicht mehr vorhanden. Deshalb gilt hier das Prinzip «kein Licht = Stopp».

Mit einem Signalflügel kann man auf eindeutige Weise zwei Befehle ausdrücken: «Halt» und «Freie Fahrt». Dies genügte für den Anfang, aber nicht auf Dauer. Mit zunehmendem Verkehr kam es immer öfter zu der Situation, dass ein Zug einen Bahnhof ohne Halt über abgelenkte Weichen durchfahren musste, zum Beispiel um einen auf dem Hauptgleis wartenden Gegenzug zu kreuzen. Auf Ablenkung stehende Weichen müssen jedoch langsamer befahren werden als gerade stehende. Ein zweiter Signalflügel löste dieses Problem elegant: Im Ruhezustand steht dieser Flügel unterhalb des Hauptflügels senkrecht und nahezu unsichtbar vor dem Signalmast. Schwenkt er aus, liegen aus der Sicht des Lokführers zwei identische Flügel in Schräglage übereinander. Dieses Signalbild bedeutet «Fahrt mit reduzierter Geschwindigkeit».

Weil die Züge immer schneller wurden und ihre Bremswege stetig länger, ergab sich auch die Notwendigkeit, den Lokführer über die Stellung der vor ihm liegenden Signale frühzeitig vorzuwarnen. Deshalb gehört zu jedem Hauptsignal ein Vorsignal. In der zu einem Flügelsignal gehörenden Schweizer Variante zeigt es eine kreisrunde gelbe Scheibe. Ist die Fahrt am folgenden Hauptsignal frei, klappt diese in die Horizontale, sodass sie praktisch unsichtbar ist.

Das Vorsignal steht grundsätzlich in Bremsdistanz vor dem Hauptsignal und ermöglicht auch bei schlechter Sicht einen sicheren, komfortablen Halt vor dem zugehörenden Hauptsignal. Häufig sieht man kombinierte Vor- und Hauptsignale. Sie stehen an der Grenze zwischen zwei Blockabschnitten und sind ein Zeichen dafür, dass die betreffende Strecke sehr intensiv befahren wird. In diesem Fall entspricht nämlich die Länge eines Blockabschnitts dem sogenannten absoluten Bremsweg bei maximaler Streckengeschwindigkeit. Eine dichtere Zugfolge ist nicht möglich, weshalb diese Situation auch vor allem in Ballungsgebieten mit intensivem S-Bahn-Verkehr verbreitet ist.

Im Prinzip gehört zu jedem Hauptsignal ein Vorsignal. Von dieser Regel sind nur jene Hauptsignale ausgenommen, die ausschliesslich für stehende Züge gelten, etwa die Ausfahrsignale am Endbahnhof einer Bahnlinie. Sie kommen naturgemäss ohne Vorsignal aus.

Ausser den hier beschriebenen kannte die Zeit der Dampflokomotiven eine ganze Zahl weiterer mechanischer Signale. Erwähnt seien vor allem die Rangiersignale. Sie erlaubten Manöver innerhalb von Bahnhöfen und sicherten diese gegenüber ein-, aus- oder durchfahrenden Zügen ab. Heute sind auch diese durch Lichtsignale ersetzt.

Alle Signale wurden anfänglich lokal, das heisst an Ort und Stelle bedient, ab etwa 1900 in zunehmendem Masse aus einem zentralen Stellwerk, wo auch die Drahtzüge oder Gestänge für die Fernbedienung der Weichen zusammenliefen und – ein angenehmer Nebeneffekt – das Personal von Wind und Wetter geschützt arbeiten konnte. Die sicherheitskritische Technik blieb dabei mechanisch, die Energie kam aus den Muskeln der Eisenbahner an den Stellhebeln, und einzig für die Hilfsbeleuchtung an den Wurzeln der Signalflügel verliess man sich auf die noch spärlich vorhandene und unzuverlässige elektrische Energie (mehr zum Thema Stellwerk ab Seite 95).

Zwergsignal für Rangierbewegungen: Freie Fahrt.

Lichtsignale

Ab etwa 1940 begann in der Schweiz die Ära der Lichtsignale. Unter dem Druck der wirtschaftlichen Isolation – rund um das Land tobte der Zweite Weltkrieg, und die zu hundert Prozent importierte Kohle war Mangelware – forcierten die Schweizer Bahnen die Elektrifizierung ihres Netzes. Im Vordergrund standen der Bau von Wasserkraftwerken und die Entwicklung elektrischer Lokomotiven. Parallel dazu wurden immer mehr Linien elektrifiziert und gewissermassen als Nebeneffekt auch die entsprechenden Bahnhöfe ans Stromnetz angeschlossen. Und mit der zunehmenden Dominanz der elektrischen Energie wuchsen die Erfahrung im Umgang mit ihr, die Zuverlässigkeit elektrotechnischer Systeme und das Vertrauen in die moderne Technik.

So stellten sich bald grundsätzliche Fragen, wie zum Beispiel diese: Wenn wir uns schon für den Betrieb der Bahnen auf die Elektrizität verlassen, warum nicht auch für dessen Sicherung? Bringt die aufwändige Mechanik der Signale und Stellwerke überhaupt irgendwelche Vorteile im Vergleich zur vollständigen Elektrifizierung?

Es waren Fragen, wie sie sich auch heute wieder stellen, wenn es um die Umstellung klassisch-elektrischer Systeme auf Digitaltechnik, von Kupfer- auf Glasfaserkabel und ähnliche fundamentale Veränderungen geht. Und ebenso eindeutig wie heute war die damalige Antwort: Ja, der Schritt zur neuen Technik drängt sich auf. So wurde die Schweiz, während rundherum vieles in Flammen stand, zu einem Vorreiter der elektrischen Eisenbahntechnik. Das Lichtsignal und später das dazugehörige

Blick aus dem Führerstand.

en: Signal Typ L: Kombiniertes Vor- und Hauptsignal (mit schwarzem Punkt im weissen Feld).
nten: Freie Fahrt hier und beim nächsten Hauptsignal.

elektrische Relais-Stellwerk waren zusammen mit der Fahrzeugtechnik die Stützen dieser bis heute nachwirkenden Pionierstellung.

Lichtsignal-Generationen

Seit 1940 sind in der Schweiz zwei Generationen von Lichtsignalen eingeführt worden: zunächst jene des Typs L (für Lichtsignal), ab 1986 jene des Typs N (für Numerisches Signal). Beide Typen sind mit allen modernen Stellwerktypen kompatibel. Sie gelten nur für Zugfahrten, nicht jedoch für Rangierbewegungen innerhalb von Bahnhöfen.

Der Typ L kann mit mehreren Laternen in drei verschiedenen Farben sechs verschiedene Fahrbegriffe (Signalbilder genannt) darstellen; Vor- und Hauptsignale unterscheiden sich in der Bauform, ebenso die Hauptsignale in der Anzahl der Lampen.

Beim modernen Typ N sehen Vor- und Hauptsignale nahezu gleich aus. Hauptsignale bestehen aus einer kreisrunden Scheibe mit drei Lampen (Rot, Grün, Brandgelb), Vorsignale aus einer quadratischen Scheibe mit zwei Lampen (die rote fehlt). Darunter ist eine grosse numerische Digitalanzeige angebracht, welche die allenfalls einzuhaltende Geschwindigkeit signalisiert. Der Typ N ist also bedeutend leistungsfähiger als das Vorgängermodell, weil er ein wesentlich grösseres Vokabular an Fahrbegriffen beherrscht. Und er ist gleichzeitig trotz höherer Herstellungskosten (bedingt durch die grosse Digitalanzeige) kostengünstiger, weil er nur in einer Basisversion gebaut wird, was den Aufwand für Lagerhaltung, Logistik und Unterhaltsarbeiten reduziert.

Signal Typ L: Freie Fahrt, zusätzlich Bahnschranke gesichert. Im Gleis: Balisen.

Kombiniertes Vor- und Hauptsignal. Das Vorsignal ist dunkel, weil bei geschlossenem Hauptsignal bedeutungslos.

Hinweistafel für fehlendes Vorsignal. Vereinzelt anzutreffen auf langsam befahrenen Nebenlinien.

Bezüglich der verwendeten Lichtfarben und deren Interpretation gilt in der Schweiz seit 1935 (und mittlerweile fast überall auf der Welt) das Prinzip, dass Rot in jedem Fall «Halt» bedeutet. Grün bedeutet grundsätzlich «Fahrt», allenfalls mit Einschränkungen, während Orange bzw. Brandgelb, wie die Farbe in der Schweiz genannt wird, als Vorankündigung, Warnung oder als sonstiger Hinweis auf eine zu erwartende Einschränkung zu interpretieren ist. Wir haben es also grosso modo mit einer allgemein geläufigen Signalsprache zu tun, freilich jedoch mit einer wesentlich differenzierteren als jener, die wir aus dem alltäglichen Strassenverkehr kennen. Dies unter anderem auch deshalb, weil im Bereich von Bahnhöfen zusätzlich noch zwei weitere Farben geläufig sind: Weiss bei den sogenannten Zwergsignalen und Violett. Violette Signale gelten nur für die Züge der sogenannten rollenden Landstrasse, also für Huckepack-Züge mit Lastwagen oder Sattelaufliegern. Diese sind höher als normale Güterzüge und können deshalb nicht alle Tunnelstrecken freizügig befahren.

Beispiele für Signalbilder sind in der Grafik auf Seite 54/55 zu finden; an dieser Stelle wollen wir uns der Einfachheit zuliebe auf die Streckensignale mit ihren drei Lichtfarben beschränken.

Die Bedeutung von Rot ist am einfachsten zu beschreiben: Rot – angekündigt durch je nach Typ ein oder zwei brandgelbe Lichter am Vorsignal – bedeutet Halt. Wird ein solches Signal überfahren, handelt es sich um einen sogenannten Signalfall, das heisst um einen ernsten betrieblichen Zwischenfall, welcher der Unfall-Untersuchungsstelle SUST gemeldet werden muss und von dieser untersucht wird. Dabei bedeutet das Überfahren eines «Halt» zeigenden Signals nicht unbedingt eine Katastrophe. Jedes Signal steht nämlich in einem bestimmten Abstand vor dem sogenannten Gefahrpunkt, zum Beispiel einer Weiche. Diese Distanz wird Durchrutschweg genannt und bemisst sich nach der am Standort des Signals massgebenden Höchstgeschwindigkeit. Der Durchrutschweg ist also gewissermassen das Auffangnetz für eine verspätete Reaktion des Lokführers; er entbindet diesen jedoch nicht von den unangenehmen Konsequenzen eines Signalfalls.

Ist ein Signal wegen einer technischen Störung trotz freier Strecke in der Stellung «Halt» blockiert, darf es vom Lokführer überfahren werden – freilich nur auf ausdrücklichen Befehl der Leitstelle und langsam (auf Sicht, das heisst praktisch im Schleichtempo), wobei der Lokführer gleichzeitig die automatische Zugbeeinflussung manuell überbrückt. Der ganze Vorgang wird minutiös protokolliert.

Die Komplementärfarbe (einfach gesagt: das physikalische Gegenteil) von Rot ist Grün, und diese Farbe hat immer eine positive Bedeutung – aber nicht immer die gleiche.

Bei den älteren Lichtsignalen des Typs L bedeutet ein grünes Licht «freie Fahrt entsprechend der normalen Streckengeschwindigkeit»; im Strassenverkehr wären dies 80 km/h auf einer normalen Landstrasse. Bei der Bahn ist die Limite unterschiedlich und in der jeweiligen Streckentabelle, die der Lokführer bei sich hat, vermerkt. Das dazugehörende Hauptsignal ist ein grünes Licht. Zeigt es jedoch zwei grüne Lichter übereinander, dann heisst das nicht, dass doppelt so schnell gefahren werden darf – im Gegenteil: die Geschwindigkeit ist auf 60 km/h reduziert. Das ist weder logisch noch im Sinne des «Fail-safe»-Prinzips, denn beim Ausfall eines grünen Lichts würde zu schnell gefahren. Deshalb sind die Stellwerke so eingerichtet, dass beim Defekt des zweiten grünen Lichts das Signal nur noch Rot zeigt. Aus heutiger Sicht ist dies keine elegante Situation. Aber sie ist insofern folgerichtig, als hier die Tradition von den alten Flügelsignalen übernommen wird. Auch dort befahlen zwei angehobene Flügel eine langsamere Fahrt als ein Flügel.

So weit, so klar – doch in Wirklichkeit ist die Sache viel komplizierter. Der immer dichtere, von elektronischen Leitsystemen immer raffinierter gesteuerte Zugverkehr verlangt fortlaufend kürzere Zugfolgezeiten auf den bestehenden Strecken. Dies wiederum bedingt kürzere Blockabschnitte und demzufolge mehr Signale mit immer differenzierteren «Ausdrucksmöglichkeiten». Drei Lampen am Hauptsignal und deren

auptsignal Typ N.

Vorsignal Typ N mit Hinweistafel «folgt Bahnhofeinfahrt».

Hauptsignal Typ N.

vier am Vorsignal genügen für die heutige Vielfalt an Befehlen längst nicht mehr. So sind heute Lichtsignale des Typs L mit bis zu fünf Lampen am Hauptsignal und deren sechs am Vorsignal zu sehen. Ferner gibt es sogenannte kombinierte Signale, die wie ein Vorsignal aussehen, aber die Funktion sowohl eines Vor- wie eines Hauptsignals wahrnehmen (sie sind durch eine kleine weisse Tafel mit einem schwarzen Punkt markiert). So sahen sich die Lokomotivführer über die Zeit mit einer immer komplizierter werdenden Signalsprache konfrontiert, während die Techniker immer mehr Schwierigkeiten hatten, den Zugverkehr noch dichter zu gestalten, ohne dabei mit den Signalbegriffen zu kompliziert zu werden und an Sicherheit einzubüssen.

Aus diesem Dilemma heraus kam es Mitte der 1980er-Jahre zur Einführung des neuen **Signaltyps N** mit seiner einfachen Zeichensprache (ein Licht plus eine Ziffer). Dieses System bewährte sich auf Anhieb und gilt heute als Standard. Für Spezialfälle, wie z.B. die Einfahrt auf ein Bahnhofgleis, wo bereits ein Zug steht (z.B. bei der Verlängerung von Triebwagenzügen während der Stosszeiten), kommen je nach Situation einfach verständliche Zusatzsignale hinzu.

Vereinfacht lässt sich sagen, dass die Signale des älteren Typs L dem Zweck dienen, Unfälle zu verhindern; jene der jüngeren Generation N tun dasselbe, aber zusätzlich erlauben sie noch einen dichteren und effizienteren Zugverkehr bei gleichzeitiger Entlastung der Lokomotivführer.

Auf den Seiten 54/55 sind die wichtigsten Signalbilder der drei Signalgenerationen (Flügelsignale, Typ L und Typ N) abgebildet. Der Fortschritt bezüglich Ausdruckskraft und Verständlichkeit springt ins Auge!

Hauptsignal Typ N: Ausfahrt frei mit maximal 40 km/h.

Für alle Signalbegriffe gilt, dass ihre Befolgung durch das jeweils in die Fahrzeuge eingebaute Zugbeeinflussungssystem überwacht wird. Übertretungen lösen eine automatische Vollbremsung aus und werden genau untersucht (mehr hierzu ab Seite 79). Umgekehrt können auch die Signale selbst zur Gefahrenquelle werden, wenn sie nicht richtig funktionieren. Deshalb sind die meisten Laternen, in jedem Fall aber die roten, mit zwei Glühfäden oder LED-Leuchten ausgestattet. Fällt eine dieser Lichtquellen aus, so sieht der Lokführer keinen Unterschied zur normalen Situation. Das zuständige **Stellwerk** registriert jedoch die Störung und alarmiert die Instandhaltung. Sollte trotz aller technischen Sicherungen ein Signal «blind» sein oder ein im Reglement nicht vorgesehenes Signalbild zeigen, muss der Lokführer hingegen sofort anhalten. Dies entspricht dem allgemein gültigen Grundsatz, dass jede Anweisung, die nicht ausdrücklich «Fahrt» bedeutet, als «Halt» zu interpretieren ist.

Signale

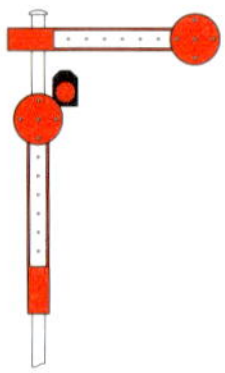

Halt

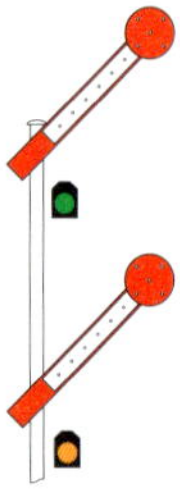

Freie Fahrt, langsam

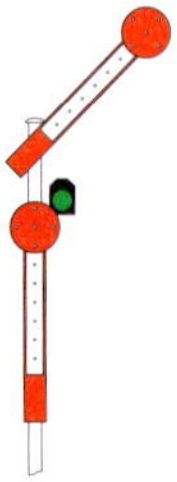

Freie Fahrt

ETCS-Signaltafel (siehe S. 90)

Vorsignal reduzierte Geschwindigkeit

Dito für verschiedene Zuggattungen

Anfangssignal reduzierte Geschwindigkeit

Endsignal reduzierte Geschwindigkeit

Vorsignal Langsamfahrstelle mit Geschwindigkeitslimite

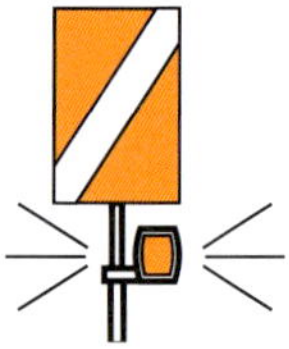

Anfangssignal Langsamfahrstelle

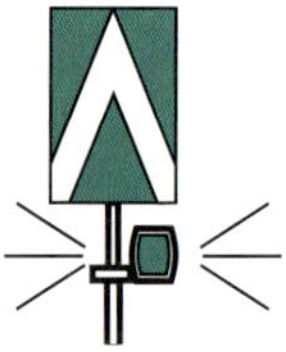

Endsignal Langsamfahrstelle

Steigung (Promille, Distanz)

Gefälle (Promille, Distanz)

Halt (Zwergsignal)

Fahrt mit Vorsicht (Zwergsignal)

Fahrt (Zwergsignal)

Horizontale (Distanz)

Warnung
(Vorsignal)

Ankündigung:
Freie Fahrt
(Vorsignal)

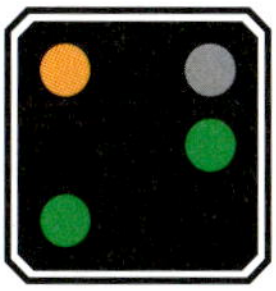

Ankündigung:
Fahrt mit 60 km/h
(Vorsignal)

Ankündigung:
Fahrt mit 40 km/h
(Vorsignal)

Halt

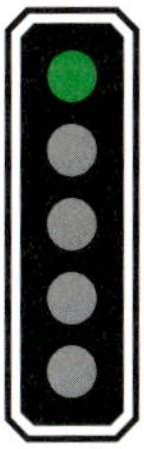

Freie Fahrt

Fahrt mit
60 km/h

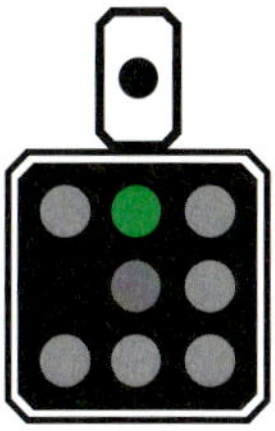

Schwarzer Punkt
= Signal ist Vor-
und Hauptsignal

Warnung
(Vorsignal)

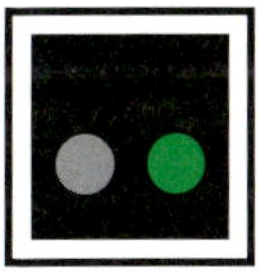

Freie Fahrt

Ankündigung:
Fahrt mit 70 km/h
(Vorsignal)

Nächstes Signal
ist Einfahrsignal
(stehendes
Quadrat)

Halt

Freie Fahrt

Warnung
(Vorsignal)

Fahrt
mit 80 km/h

Gleisfreimeldung

Streckensignale markieren in der Regel die Grenze zwischen zwei benachbarten Blockabschnitten. Gewähren sie freie Fahrt, so muss sich der Lokführer darauf verlassen können, dass der Streckenabschnitt auch tatsächlich frei und nicht zum Beispiel durch einen Wagen blockiert ist, den ein vorausfahrender Zug verloren hat. Diese Gewissheit lässt sich grundsätzlich auf zwei Wegen erlangen: elektrisch durch die Isolation des betreffenden Gleisabschnitts oder logisch durch eine Art Buchhaltung, welche den einfahrenden Verkehr mit dem ausfahrenden vergleicht und den Abschnitt erst nach erfolgreichem Abgleich der beiden Posten freigibt.

Kurzschluss = «Gleis besetzt»

Die erste Methode ist die ältere und existiert in verschiedenen Varianten. Sie nutzt die Tatsache, dass jeder Radsatz (also jeweils zwei Räder und die sie verbindende Achse) die beiden Schienen, auf der er sich bewegt, elektrisch verbindet. Unterbricht man mindestens eine der Schienen am Anfang und am Ende der zu überwachenden Strecke durch einen sogenannten Isolationsstoss, so sind die beiden Schienen auf dem kritischen Abschnitt elektrisch getrennt, solange kein Fahrzeug den Abschnitt belegt.

Legt man eine Spannung an, wird ein Relais angezogen (aktiviert), und es fliesst ein Strom vom Stellwerk über das Relais zurück ins Stellwerk. Das ändert sich, sobald ein Fahrzeug den Abschnitt befährt, weil dann die beiden Schienen durch die metallenen Radsätze kurzgeschlossen sind. Jetzt fliesst der Strom statt durch das Relais ins Stellwerk direkt über die Achse des Fahrzeugs zur anderen Schiene (Kurzschluss). Ergo: Strom = Gleis frei, Kurzschluss bzw. kein Strom = Gleis besetzt. Nur im ersten Fall kann der Gleisabschnitt freigegeben werden – es sei denn für eine Rangierfahrt innerhalb eines Bahnhofs, wenn es beispielsweise darum geht, einem bereits am Bahnsteig stehenden Zug noch zwei Wagen anzufügen. Aber Rangierfahrten folgen mit geringer Geschwindigkeit sowie grundsätzlich auf Sicht und entsprechend behutsam.

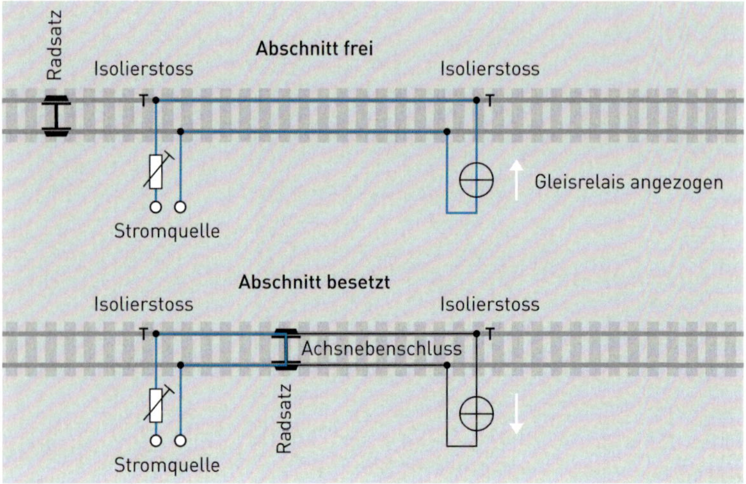

Gleisfreimeldung mit Gleisisolation (Blau = Stromfluss).

Diese Darstellung ist extrem vereinfacht. In der Realität gibt es Gleisfreimeldeanlagen mit einer oder zwei isolierten Schienen, und sie arbeiten mit Gleich- oder mit Wechselstrom. Bei Beton- und Holzschwellen funktioniert das Verfahren grundsätzlich problemlos, wogegen Stahlschwellen wegen ihrer Leitfähigkeit mit isolierenden Schienenbefestigungen versehen sein müssen. Die Isolierstösse an den Schienen müssen elektrisch «sauber» sein. Zudem können die von den Lokomotiven erzeugten Magnetfelder Probleme verursachen. Aber grundsätzlich ist das Verfahren technisch einfach und narrensicher. Sein grösster Nachteil besteht darin, dass eine Schiene an beiden Enden des überwachten Abschnitts isoliert sein muss. An diesen Stellen entsteht ein Unterbruch, Schienenstoss genannt – ein Phänomen, das die Fahrbahn-Fachleute nicht gerne sehen. Sie haben lieber durchgehend verschweisste Schienen. Schienenstösse verursachen nicht nur das aus früheren Zeiten bekannte Rattern bei der Überfahrt («tatam-tatam»), sondern vor allem einen erheblichen Reparaturaufwand. Eine unsaubere Isolation – an sich eine Bagatelle – kann ohne Weiteres Sanierungskosten von mehreren Tausend Franken (schwere Nachtarbeit!) nach sich ziehen.

Achsen-Buchhaltung

Die zweite Methode zur Freimeldung ist technisch anspruchsvoller. Ihr Rückgrat sind Achszähler am Anfang und am Ende des geschützten Gleisabschnitts. Sie erfassen alle vorbeifahrenden Achsen eines Zugs, erkennen ihre Fahrrichtung und zählen sie. Am Ende des Gleis-

Isolierter Schienenstoss.

abschnitts subtrahieren sie die erfassten Achsen; ist das Resultat null, wird der Gleisabschnitt wieder freigegeben – aber erst dann. Erfolgte die Registrierung der Achsen anfänglich mechanisch durch Niederdrücken einer Kontaktfeder, so sind heute verschiedene berührungslose Systeme im Einsatz, vorwiegend solche auf elektromagnetischer Basis.

Bei diesen Systemen besteht die Herausforderung darin, dass sie auch unter extremen Verhältnissen zuverlässig arbeiten müssen. Konkret: Die Genauigkeit der Zählung muss sowohl bei sehr schneller wie bei sehr langsamer Überfahrt gewährleistet sein. Im Extremfall kann es vorkommen, dass ein rangierender Zug mit einem Rad genau auf einem Zählpunkt zum Stehen kommt und später wieder rückwärts rollt. Der Sensor muss dies «merken»! Auf der anderen Seite darf die Überfahrt eines Hochgeschwindigkeitszuges das System nicht aus der Fassung bringen. Ferner können auch hier von der Antriebsanlage der Züge herrührende Magnetfelder bzw. Oberwellen zu Störungen führen.

Es versteht sich von selbst, dass diese Systeme durchwegs so programmiert sind, dass sie beim geringsten Zweifel an der Qualität ihrer Messungen zwingend in den sicheren Zustand fallen, das heisst, den betreffenden Gleisabschnitt als besetzt betrachten. Für diesen Fall gibt es in den Leitstellen eine Art «Reset»-Knopf, mit dem sich die Anlagen auf null zurückstellen lassen. Er darf aber selbstredend nur unter strengen Sicherheitsbedingungen betätigt werden, und dazu gehört auch eine Sichtkontrolle des betroffenen Gleisabschnitts an Ort und Stelle. Das kostet Zeit und stört den Bahnbetrieb.

Freie Fahrt nur bei freier Strecke!

Diesen Notfall versuchen die Techniker natürlich so weit als möglich zu vermeiden. Deshalb sind moderne Systeme in der Lage, geringfügige und offensichtliche Fehler selbst zu korrigieren. Zum Beispiel lassen sich die drei Zählpunkte zweier benachbarter Abschnitte virtuell zusammenfassen und vom Stellwerk auf Plausibilität überprüfen. Stimmen die Resultate der Zählpunkte 1 und 3 überein, muss die abweichende Zählung am Punkt 2 fehlerhaft sein. Klar ist die Situation auch, wenn vier aufeinanderfolgende Messpunkte die Achszahlen 12, 11, 12 und 12 melden.

Im Vergleich mit isolierten Gleisabschnitten liefern Achszähler somit detaillierte Informationen (Achszahl statt nur «besetzt ja/nein»), dies aber mit einer mindestens um den Faktor 10 höheren Störanfälligkeit. Auf der anderen Seite ist ein defekter Achszähler selbst unter laufendem Betrieb in kürzester Zeit, will heissen: mit minimalem Aufwand, ausgewechselt, wogegen die Reparatur eines Isolierstosses komplizierte Arbeiten am Gleis erfordert, und dies zudem allenfalls noch in einer teuren Nachtschicht. Deshalb kommt es bei den Bahnunternehmen immer wieder zu internen Diskussionen: Die Sicherheitsverantwortlichen bevorzugen die zuverlässigeren Isolierstösse, die Fahrbahnverantwortlichen die günstigeren Achszähler.

Für die Sicherheit des Bahnbetriebs spielen diese Überlegungen keine Rolle. Beide Systeme zur Gleisfreimeldung haben heute einen sehr hohen Sicherheitsstandard erreicht. Zu Kollisionen auf gesicherten Streckenabschnitten kommt es extrem selten, und so gut wie immer ist die Ursache die unsachgemässe Behandlung von Ausnahmesituationen.

:hszähler (vorne links an der Schiene).

11

Weichensicherung

Grünes Licht bedeutet freie Fahrt im guten Gefühl, vor einer Kollision mit einem anderen Zug geschützt zu sein. Das Stellwerk gibt die Fahrstrasse erst frei, wenn diese nicht durch andere Fahrzeuge belegt ist – und wenn sichergestellt ist, dass es auch so bleibt. Zu den Bedingungen für die Freigabe gehört deshalb auch die Blockierung sämtlicher Weichen in der sicheren Stellung – jener auf den befahrenen wie auf den benachbarten Gleisen.

Ob auf einer Weiche der Zug geradeaus oder in die Ablenkung fährt, hängt von der Stellung der Weichenzungen ab. Sie sind beweglich, legen sich je nach der gewünschten Fahrtrichtung von innen her an die eine oder an die andere Schiene (in diesem Bereich der Weiche Backenschiene genannt) und führen den entsprechenden Spurkranz der Räder in die gewählte Richtung. Bei sogenannten Schnellfahrweichen, die mit mehr als 160 km/h befahren werden und sehr lang sind, bewegt der Weichenantrieb zusätzlich auch das Herzstück der Weiche. Dies verbessert das Fahrverhalten, indem es die Führungslücke beseitigt.

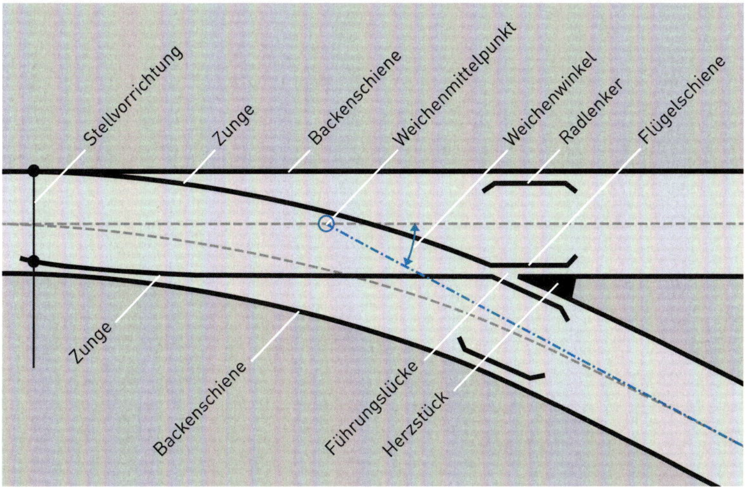

Die Elemente einer Weiche. Blau eingezeichnet ist der Ablenkungswinkel.

Bewegt werden die Weichenzungen von einem Elektromotor, ganz selten von Hand oder, wie die Schnellfahrweichen im Gotthard-Basistunnel, hydraulisch. Am Ende des Umstellungsvorgangs betätigt der Antriebsmechanismus noch den **Weichenverschluss**, d.h. eine mechanische Sicherung, welche die Zungen in der gewählten Stellung fixiert. Dies ist allerdings nur dann möglich, wenn der Abstand zwischen Zunge und Backenschiene – das sogenannte Klaffmass – höchstens 3 mm beträgt. Wird dieses Mass überschritten, lässt sich die Weiche nicht verschliessen. Bei Weichen, die mit 80 km/h oder schneller befahren werden, wird die korrekte Lage zusätzlich noch durch eine mechanische Zungenkontrolle überwacht. Erst wenn alles in Ordnung ist, blockiert der Verschluss die Weiche und meldet dies an das verantwortliche Stellwerk.

In der Schweiz sind vor allem zwei der vielen verschiedenen Systeme von Weichenverschlüssen verbreitet: der Innen- und der Klinkenverschluss.

Der **Innenverschluss** (auch **Jüdel-Verschluss** genannt) stellt durch ein mechanisches Gestänge sicher, dass die eine Weichenzunge satt an der Backenschiene anliegt und die andere einen genügenden Abstand zu dieser einhält. Er ist technisch einfach, weist jedoch einen systematischen Mangel auf: Liegt eine Weiche in einem Gleisbogen, so können die durch die Fahrzeuge ausgeübten Querkräfte die aussenliegende Schiene unter Umständen so weit nach aussen drücken, dass zwischen Backenschiene und Weichenzunge ein Spalt von mehr als 4 mm entsteht. Dieser wiederum kann im Extremfall eine Entgleisung verursachen.

Der **Klinkenverschluss** ist zwar bedeutend komplexer und teurer als der Innenverschluss, aber er weist diesen Mangel nicht auf. Denn hier greift auf der Aussenseite der Fahrspur und an der Innenseite der Zunge eine massive Stahlklinke von unten her in das System ein und presst

Weichenheizung.

vei Weichenverschlüsse: Oben System Jüdel in beiden Stellungen,
ten Klinkenverschluss (umgreift die Zunge von unten).

Handweiche mit Entgleisungsvorrichtung zum Schutz des Perrongleises.

Zunge und Backenschiene kraftvoll gegeneinander. Im Falle starker Querkräfte neigt sich zwar die Schiene auch nach aussen, aber dank des Klinkenverschlusses bewegt sich die Zunge mit, bleibt dabei jedoch satt angelegt, und die Entgleisungsgefahr ist beseitigt.

Die korrekte Stellung der Weiche und ihr verschlossener Zustand sind für das Stellwerk eine der Voraussetzungen für die Freigabe der entsprechenden Fahrstrasse; dies gilt für alle Typen von Weichen, insbesondere auch für Kreuzungsweichen. Diese Spezialformen sind zwar mechanisch komplexer als einfache Weichen, nicht jedoch unter dem Aspekt der Bahnsicherung. Eine doppelte Kreuzungsweiche besteht, «stellwerktechnisch» gesehen, einfach aus zwei ineinander verschachtelten Weichen.

Der Sicherung einer Fahrstrasse dient in manchen Fällen zusätzlich noch eine **Schutzweiche**. Solche Weichen sind z.B. dort zu finden, wo ein Rangiergleis direkt in ein Streckengleis einmündet, vornehmlich im Bahnhofbereich. Meist führen sie vom Rangiergleis in ein kurzes Stumpengleis, mitunter auch sozusagen ins Leere. So kann im Falle eines missglückten Rangiermanövers ein entlaufener Wagen nicht in die – unter Umständen für einen Schnellzug freigehaltene – Fahrstrasse rollen, sondern er prallt in den Prellbock, oder er entgleist. So entsteht zwar ein Schaden, aber keine Katastrophe. Sicherungstechnisch ist die Schutzweiche so in das Stellwerk eingebunden, dass ihre korrekte Stellung eine der Voraussetzungen für die Freigabe der Fahrstrasse ist. Das Gleiche gilt für die sogenannten **Entgleisungsvorrichtungen**; sie ha-

Oben: Folge eines defekten Weichenverschlusses: Zug fuhr in zwei Richtungen.
Unten: Normalfall: Weichenverschlüsse sind extrem zuverlässig!

ben die gleiche Funktion, sind aber nicht Weichen im eigentlichen Sinn (also mit Zungen, Herzstück usw.), sondern mechanische Hindernisse, welche sich bei entsprechender Weichenstellung auf das Gleis legen, sodass ein ungebremster Wagen aus dem Gleis springt.

SIEMENS

Bahnübergänge

Die Vermeidung von Kollisionen zwischen zwei Zügen ist das eine. Eine andere Gefahr droht von Strassenfahrzeugen auf Bahnübergängen. Die wichtigeren unter ihnen wurden schon in der Frühzeit der Eisenbahn von Bahnwärtern bewacht. Neben dem Bahnwärterhaus stand eine Signalglocke, die gleichzeitig aktiv wurde wie jene im benachbarten Bahnhof. Je nach der Tonfolge des Glockensignals wusste der Bahnwärter – bzw. die Bahnwärterin, denn Frauen waren hier fast ebenso oft zu finden wie Männer (die Arbeit im Stellwerk war zu schwer für Frauen) –, aus welcher Richtung ein Zug zu erwarten war. Nach einer bestimmten Zahl von Minuten, die sich aus der Distanz zum entsprechenden Bahnhof ergab, senkte er oder sie mit einer Kurbel die Barriere. In anderen Ländern waren (und sind zum Teil bis heute) Metalltore ähnlich Viehgittern vorhanden, die von Hand bedient werden und im geschlossenen Zustand die Strasse blockieren.

Unter den Aussenanlagen nehmen die Bahnübergänge eine besondere Stellung ein. Hier begegnen sich zwei Verkehrssysteme, nämlich die Bahn und der Strassenverkehr, auf gleichem Niveau. Dies ist an sich schon eine konfliktträchtige Ausgangslage. Sie gewinnt noch an Brisanz durch den Umstand, dass beim Strassenverkehr alle Bevölke-

Romantisch, aber nur bei sehr geringer Geschwindigkeit zu verantworten – und in der Schweiz nicht mehr zu finden.

Ungesicherte Bahnübergänge gibt es kaum noch: Es gilt maximal 50 km/h.

rungsschichten beteiligt sind – Fahrzeuglenker und Fussgänger, Alte und Junge, Vorsichtige und Waghalsige, mitunter auch Tiere –, während seitens der Eisenbahn ausschliesslich speziell ausgebildete Berufsleute am Werk sind. Das Konfliktpotenzial kommt somit zu 99 Prozent vonseiten des Strassenverkehrs.

Unglücklicherweise sind es aber die Strassenbenützer, die im Gefahrenfall zu einer schnellen Reaktion in der Lage (und vom Gesetz her verpflichtet) wären; ein Auto kann innerhalb weniger Meter anhalten, ein Fussgänger sogar auf der Stelle, während ein Zug dafür Dutzende oder Hunderte von Metern braucht. Dieses Dilemma ist nur dadurch zu lösen, dass Bahnübergänge kurz vor und während einer Zugdurchfahrt geschützt werden – mittels einer Sperrung durch Schranken oder zumindest durch Warnung der Strassenbenützer. Noch besser wäre es, statt niveaugleicher Bahnübergänge den Strassenverkehr mittels Über- oder Unterführungen ganz vom Gleis fernzuhalten. Aus Kostengründen ist dies jedoch nicht überall möglich.

Je nach Lage und Gefahrenpotenzial (lies: Übersichtlichkeit, Art und Dichte des Verkehrs auf der Strasse und auf der Schiene) gibt es drei Kategorien von Bahnübergängen:

- Ungesicherte Übergänge (passive Sicherung) sind nur an relativ wenigen und mit maximal 50 km/h befahrenen Nebenlinien, zudem nur bei schwach befahrenen Strassen zu finden. Sie sind einzig durch ein Warn-

Minimalstandard in der Schweiz: Andreaskreuz und Wechselblinker.

signal (Andreaskreuz) markiert. Der herannahende Zug gibt sich durch ein Pfeifsignal zu erkennen, und die Verantwortung für die Sicherheit liegt ganz bei den Strassen- bzw. besser: Wegbenützern. Das sind ganz überwiegend Ortsansässige und somit auch Ortskundige (mehrheitlich Bauern), ausserdem Fussgänger.

- Mit Warnblinkern versehene Übergänge schützen stärker befahrene Strassen. Die Verantwortung liegt auch hier bei den Strassenbenützern, doch werden diese durch auffällige Wechselblinker und Glockensignale aktiv vor einem herannahenden Zug gewarnt. Die Warnzeit beträgt je nach der örtlichen Situation bis zu 30 Sekunden.
- Intensiv befahrene und/oder besonders konfliktträchtige Übergänge sind zusätzlich durch Schranken geschützt. Diese senken sich automatisch und sind so konstruiert, dass sie im Notfall von einem eingeschlossenen Auto durchbrochen werden können.

Unter dem Blickwinkel der Bahnsicherung sind die ungesicherten Übergänge unbedeutend; sie gelten betrieblich als freie Strecke. Bahnübergänge mit Warnblinkern und/oder Schranken sind dagegen auf eine von zwei Arten gesichert:

- Bei der ersten, «traditionellen» Version wird der Zug automatisch gestoppt, wenn der Bahnübergang nicht korrekt gesperrt ist. Dies geschieht durch Zugbeeinflussung (mit oder ohne Signal) in **Bremsdistanz** vor dem Bahnübergang.

- Bei der zweiten, moderneren Version sorgt gewissermassen der Bahnübergang selbst für die Sicherheit; die entsprechende Vorschrift spricht von «fehlersicherer Sperrung des Strassenverkehrs». Der Lokomotivführer kann sich also darauf verlassen, dass der Übergang gesichert ist, ebenso wie er im anderen Fall seinem Signal vertrauen kann.

Das Problem sind die Strassenbenützer

Soweit die bahntechnische Seite des Themas. In der Praxis spielen psychologische Faktoren eine wichtige Rolle. Autofahrer neigen zu Ungeduld, wenn sie aus einem für sie nicht einsichtigen Grund warten müssen. Vor Bahnübergängen ist dies der Fall: Wer im Auto sitzt, sieht die bahnbetrieblichen Abläufe nicht und hat oft wenig Verständnis dafür, dass zwischen dem Start der Warnblinker (Fahrverbot!) und der Vorbeifahrt des Zuges gut und gerne eine Minute oder mehr verstreicht. So werden mitunter die Gleise noch überquert, während längst die Warnlichter blinken, zum Teil sogar noch unter der sich senkenden Schranke hindurch!

Tatsächlich läuft der Vorgang an einem Bahnübergang konventioneller Art (mit Zugsicherung) etwa wie folgt ab:

Sekunde	Vorgang
0	Zug befährt Einschaltpunkt, Warnlichter starten →→→ Fahrverbot (gilt auch für Fussgänger)!
12	Schranken beginnen sich zu senken. Dauer des Vorgangs mindestens 12 Sekunden bei Vollschranken bzw. 6 Sekunden bei gestaffelter Schliessung (rechts/links). Gestaffelte Schliessung ist bei Trottoirs nicht erlaubt, da die Fussgänger keinen Rechtsverkehr kennen. Falls Distanz von Schlagbaum zu Schlagbaum über 12 m, erhöht sich die Warnzeit um 1 Sekunde pro Meter.
24+	Schranken geschlossen (Endlage), Zug bekommt freie Fahrt, ist aber noch in Notbremsdistanz oder vor dem Vorsignal.
45–120	Zug fährt vorbei, gibt Bahnübergang frei, Schranken öffnen sich. Zeitdauer variiert je nach Zugslänge und Distanz des Sicherungselementes bis zum Bahnübergang.
50–150*	Schranken geöffnet, Blinker stoppen →→→ freie Fahrt!

* Maximale Sperrzeit pro Zug gemäss Eisenbahnverordnung

Seit einiger Zeit werden auch in der Schweiz immer mehr Bahnübergänge nach dem Konzept «fehlersichere Sperrung des Strassenverkehrs» gebaut, das in Deutschland seit Jahrzehnten im Gebrauch ist und erheblich kürzere Warn- und Wartezeiten bringt:

Sekunde	**Vorgang**
0	Zug startet Anlage, Warnlichter starten →→→ Fahrverbot (gilt auch für Fussgänger)! Zug hat weiterhin freie Fahrt und bekommt keine Information über den Zustand der Sicherungsanlage.
12	Schranken beginnen sich zu senken, Zug bekommt keine Rückmeldung.
22	Schranken geschlossen (Endlage)
27	Zugspitze fährt ohne Zeitverzug vorbei (5 Sekunden Sicherheitsfrist).
30–40	Letzter Wagen des Zuges gibt Bahnübergang frei, Schranken öffnen sich, Warnlichter stoppen.
50+	Schranken vollständig geöffnet →→→ freie Fahrt!

Aus der Sicht eines Autofahrers bringt die zweite Variante gegenüber der ersten eine spürbare Verkürzung der Wartezeit. Entsprechend verringern sich der Stress und die Versuchung, noch rasch durchzuschlüpfen. Dieser Vorteil ist nach den bisherigen Erfahrungen grösser als der Nachteil, der sich aus dem Wegfall der Zugsicherung ergibt.

Normalstandard: Wechselblinker, Schranken und Gong.
Links die dazu erforderliche Elektronik.

Zugkontrolleinrichtungen (ZKE)

Die Vielfalt potenzieller Gefahren im Eisenbahnverkehr ist gross. Im dicht befahrenen Schweizer Bahnnetz folgen die Züge oft im Blockabstand aufeinander. Unter diesen Umständen braucht es nicht einmal einen ernsthaften Unfall, um den Verkehr ernsthaft zu stören. Eine geringfügige Panne genügt, um einen Zug zu blockieren und den Fahrplan durcheinanderzubringen. Es besteht deshalb ein grosses Interesse, Züge mit irgendwelchen Anzeichen einer «Erkrankung» aus dem Verkehr zu nehmen, bevor das Problem zur Betriebsstörung wird.

Die SBB betreiben dazu gemeinsam mit der BLS ein nahezu flächendeckendes System von Zugkontrolleinrichtungen (ZKE) mit dem Ziel, die Quellen möglicher Störungen an Fahrzeugen zu erkennen und zu eliminieren, bevor sie sich auswirken können. Ein frühzeitig erfasster Heissläufer (Radachse mit defektem Lager oder blockierter Bremse) schafft die Möglichkeit, den betroffenen Zug auf ordentliche Weise in einem Bahnhof anzuhalten und den schadhaften Wagen auszusondern, bevor eine ernsthafte Gefahr entsteht. Früher stand bei der Durchfahrt eines Zuges in jeder Station der **Bahnhofvorstand** am Gleis, beobachtete die Wagen, achtete auf verdächtige Geräusche oder auf unheilvolle Gerüche und alarmierte bei Verdacht sofort den Kollegen im nächsten Bahnhof, der dann das Signal auf Halt stellte. Mittlerweile sind die Bahnhofvorstände verschwunden, und die Züge werden zentral von vier über das ganze Land verteilten Zentralen aus gelenkt. Also braucht es am Gleis technische Einrichtungen als Ersatz für die Sinne des Menschen.

Derzeit sind in der Schweiz an mehr als hundert Messstellen sogenannte Zugkontrolleinrichtungen (ZKE) mit unterschiedlichen Detektionsmöglichkeiten im Einsatz. Sie beobachten **Heissläufer** (ca. 90 Anlagen), überwachen die **Radlasten** (12), schnüffeln nach Rauch oder verdächtigen Chemikalien, die eventuell aus einem Güterwagen ausfliessen könnten (10), messen die Andruckkraft der Stromabnehmer (2), warnen vor Steinschlägen und anderen Naturgefahren (3) oder überwachen die Einhaltung des **Lichtraumprofils** (2).

ZKE mit abgesetzten Sensoren.

Heissläufer, also glühende, funkenspeiende Bremsklötze als Folge blockierter Bremsen, sind vor allem bei älteren Güterwagen das häufigste Problem. Bei der Radlastmessung geht es vor allem darum, eine verschobene Ladung zu erkennen. Diese gefährliche Situation würde sich durch eine ungleichmässige Belastung des linken und des rechten Rades zu erkennen geben. An Stellen mit Profil- und Antennendetektion tasten Laserstrahlen die äussere Form des Zuges ab, machen Infrarotaufnahmen von der Ladung und schlagen Alarm, falls Ladegut seitlich aus den Wagen ragt oder die Funkantenne eines verladenen Lastwagens zu nah an die Fahrleitung reicht. Eine weitere Gefahr sind im Fahrtwind flatternde Lastwagenblachen; diese können sich in nahen Felsen oder an Tunnelwänden verfangen, oder sie geraten mit der Fahrleitung in Kontakt und fangen Feuer. Bei einem entsprechenden Alarm kann das Personal im Interventionszentrum sekundenschnell die Videobilder des betroffenen Wagens abrufen und die Situation beurteilen.

Alle durch eine Zugkontrolleinrichtung erhobenen Messdaten und Videobilder werden durch Daten des Zuges ergänzt wie Zugnummer, Ausgangs- und Zielort, Zusammensetzung und Länge des Zuges, Ladegut und mehr. Soweit möglich wird auch die genaue Position eines Problemwagens innerhalb des Zuges angegeben. Der detaillierte Datensatz gelangt sofort zum verantwortlichen **Zugverkehrsleiter** der Betriebsdisposition und in das zentrale Interventionszentrum in Erstfeld; beide Arbeitsplätze sind permanent besetzt. Der technische Spezialist im Interventionszentrum analysiert die Situation, bespricht sie mit dem Zugverkehrsleiter, und dieser entscheidet sodann über das weitere Vorgehen.

In den meisten Fällen besteht keine unmittelbare Gefahr, und das Problem kann beim nächsten regulären Halt behoben werden. Oft kommt es auch vor, dass sich ein signalisierter Heissläufer als täuschende Sonnenreflexion entpuppt; auch in diesem Fall wird der Spezialist via

Heissläufer, dank rund 80 Kontrollstellen in der Schweiz weitgehend «entschärft».

ZKE (am vordersten Joch): Sensoren beidseits und in der Mitte der Gleise überwachen die Züge vor der Einfahrt in den Lötschberg-Basistunnel.

Zugverkehrsleiter den Zug weiterfahren lassen und bei der nächsten ZKE-Anlage noch einmal genau hinschauen. Bei Verdacht auf ein ernsthaftes Problem wird der Zug dagegen gestoppt, und zwar je nach Situation im nächsten geeigneten Bahnhof mit einem hinreichend langen Abstellgleis oder notfalls auf offener Strecke vor dem nächsten Signal.

Das Ziel der aufwändigen Überwachungsarbeit ist es, die Sicherheit aufrechtzuerhalten und gleichzeitig unnötige «Notfallmassnahmen» zu vermeiden. Muss ein Wagen aus dem Güterzug genommen werden, so dauert dies durchschnittlich mehr als anderthalb Stunden und bringt den ganzen Fahrplan durcheinander. Andererseits soll keine Zeit verloren gehen, wenn wirklich Gefahr droht.

Dank des hoch entwickelten ZKE-Systems hat seit dem Jahr 2005 kein einziger Heissläufer mehr zu einem ernsten Zwischenfall geführt. Weil das System nicht stur selbst entscheidet, sondern immer noch dem Menschen im Interventionszentrum die letzte Wahl belässt, konnte die Zahl der Zugstopps im Vergleich zur Zeit vor der ZKE-Einführung um fast die Hälfte verringert werden. Dabei ist entscheidend, dass die Experten im Interventionszentrum die volle Entscheidungsgewalt haben und in Konfliktfällen – etwa wenn durch den Stopp eines Zuges ein wirtschaftlicher Schaden entsteht und die betroffene Bahnunternehmung Schadensersatz fordert – geschützt sind. Das ist nicht überall so. In Deutschland wurde ebenfalls ein Messsystem eingeführt, nachdem im Sommer 1998 beim Unfall eines ICE-Zuges 101 Menschen ums Leben kamen. Es wird jedoch nur für die Überwachung von Rädern der ICE-Kompositionen verwendet und nicht für Güterzüge – aus Gründen der Haftung bei verspäteter Lieferung von Gütern.

Zugbeeinflussung

Am 30. April 1924 stiessen im Bahnhof von Bellinzona mitten in der Nacht zwei Schnellzüge frontal aufeinander. Einer der beiden Züge hatte das Halt zeigende **Lichtsignal** überfahren und geriet in der Folge über eine falsch gestellte **Weiche** auf das Gleis des Gegenzuges. Zehn Passagiere – davon einer ohne Fahrkarte, der sich im Heizwagen versteckt hatte – sowie fünf Mann des Bahnpersonals starben. Eine Reihe weiterer Missverständnisse, deren Aufzählung zu weit führen würde, begünstigte den Unfall.

Prompt erschallte der Ruf nach einem Sicherungssystem, welches auf Signalverstösse automatisch reagiert. Ein neuerlicher schwerer Unfall Ende 1932 (mit 6 Toten) beschleunigte den Entscheidungsprozess, und Ende 1933 – also fast zehn Jahre nach der entscheidenden Katastrophe von Bellinzona – entschieden sich die SBB, ihr Netz flächendeckend mit dem von der Firma **Integra** (heute Siemens Mobility) entwickelten System **Signum** auszurüsten.

Das System übermittelt auf dem Wege der Magnetinduktion punktförmig den Zustand eines **Vorsignals** – und seit einer technischen Aufrüstung ab 1943 auch jenen des **Ausfahr-Hauptsignals** – an die Lokomotive. Die Warnstellung eines Vorsignals löst im Führerstand einen Warnton aus, den der Lokführer innerhalb von 5 Sekunden oder einer

Aus der Steinzeit der Zugsicherung: Vorsignal (in Stellung «Halt erwarten») mit Signum-Magneten links vom Gleis und in Gleismitte.

Fahrdistanz von 100 m quittieren muss. Tut er es nicht, löst das System – ebenso wie sofort beim Überfahren eines «Halt» zeigenden Hauptsignals – eine automatische Schnellbremsung aus.

Aufbau und Funktionsweise von Signum sind denkbar einfach. Am Signalstandort liegen zwei grosse Elektromagnete in der Fahrbahn: einer mitten im Gleis (Übertragungsmagnet genannt) und einer in Fahrtrichtung links (Empfangsmagnet). An der Unterseite der Lokomotive hängen drei entsprechende Magnete; einer über der Gleismitte (Permanentmagnet) und je einer links pro Fahrtrichtung. Bei der Überfahrt der Gleismagnete durch die Lok induziert deren mittlerer Magnet durch seine Bewegung im Gleismagneten eine elektrische Spannung. Steht das Signal auf Fahrt, so wird die induzierte Spannung kurzgeschlossen, sodass an der aussen liegenden Gleisspule keine Spannung anliegt. Dadurch wird keine Spannung bzw. kein Impuls an die Lokomotive übermittelt. Bei «Warnung» zeigendem Signal fliesst der Stromimpuls über die aussen liegende Gleisspule via elektromagnetische Induktion in die Lok, wo er das Alarmsignal auslöst.

Weil sich der für die Entwicklung von Signum massgebende Unfall von Bellinzona im Bereich des Bahnhofs ereignet hatte, wurden zunächst die Bahnhof-Einfahrvorsignale mit dem neuen System gesichert. Erst nachdem es anno 1942 in Tüscherz bei Biel zu einer Frontalkollision gekommen war, weil ein Güterzug den Bahnhof verlassen hatte, ohne wie vorgesehen den Gegenzug abzuwarten, wurden auch die Ausfahr-Vor- und später auch die Ausfahrsignale mit Signum aufgewertet. Und schliesslich brauchte es noch eine weitere katastrophale Frontalkollision (1968, mit 12 Todesopfern) östlich von Sion, bis auch die Signale, welche ein Vor- und Hauptsignal am selben Standort haben, den Schutz durch Signum erhielten.

Signum-ähnliche Systeme waren oder sind in zahlreichen anderen Ländern im Einsatz; in Deutschland heisst das System Indusi (Induktive Sicherung). Ihre gemeinsamen Eigenschaften sind die technische Einfachheit, die Unempfindlichkeit gegenüber Verschmutzungen aller Art – und der grosse Nachteil, dass sie nur zwei **Signalbegriffe** übermitteln können: Freie Fahrt oder Halt bzw. Warnung im Falle eines Vorsignals. Dabei ist im Falle eines überfahrenen Hauptsignals unter Umständen keine ausreichende Sicherheitsdistanz (**Durchrutschweg**) mehr vorhanden, sodass der Zug je nach Geschwindigkeit trotz Bremsung das Profil eines anderen Zuges verletzen und es zur Kollision kommen kann (was dann anno 1992 auch geschah – siehe weiter unten). Theoretisch ist es auch möglich, dass ein Lokführer vor einem Hauptsignal anhält und dann weiterfährt, obwohl das Signal immer noch Halt gebietet. Bis zum

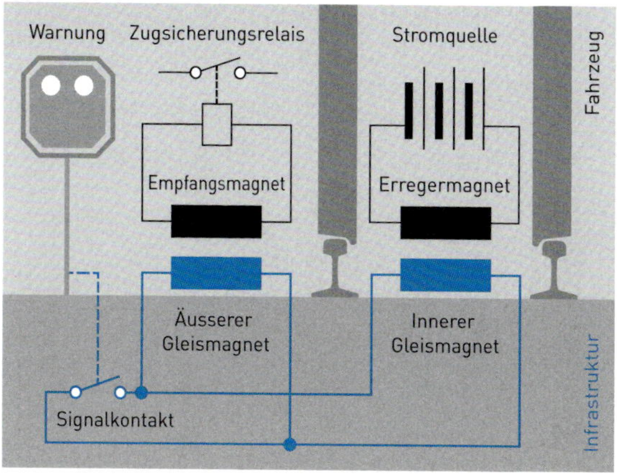

Funktionsschema von Signum, Erklärung siehe gegenüberliegende Seite. Das System ist extrem einfach, robust und hat sich viele Jahrzehnte lang bewährt.

Ersatz durch modernere Technik war Signum an rund 14 000 Signalen in der Schweiz zu finden. Es verhinderte ohne Zweifel viele Unfälle – aber leider nicht alle. Einmal mehr brauchte es einen Unfall als Auslöser für eine im Prinzip längst fällige Entwicklung.

ZUB

Warnrufe ertönten bereits in den späten 1980er-Jahren im Hinblick auf die modernen S-Bahn-Systeme, die in den grösseren Schweizer Agglomerationen aufgebaut wurden. Alle Experten prognostizierten eine enorme Verdichtung des Verkehrs und zusätzlichen Stress für die Lokführer wegen der zahlreichen, rasch aufeinanderfolgenden Stopps und der engen Fahrpläne. Sie verlangten ein System, welches einen Halt nicht nur verlangt (wie **Signum** es tut), sondern das Bremsmanöver auch kontinuierlich überwacht und allenfalls erzwingt. Doch die Rufe verhallten ungehört. Das wichtigste Argument war die angeblich ab 1994 kommende Einführung des vollelektronischen Zugbeeinflussungssystems **ETCS** (siehe unten Seite 84), welches – so die damaligen Versprechungen – alle früheren Sicherheitssysteme überflüssig machen sollte, ein weiteres der Geldmangel.

Dann geschah es: Am 8. August 1992 überfuhr ein Doppelstockzug der S-Bahn im Bahnhof Zürich-Oerlikon ein Rotlicht und kollidierte mit einem entgegenkommenden Intercity. Signum hatte angesprochen, aber der Durchrutschweg war zu kurz. Eine Person wurde getötet.

Jetzt, nach dem Unfall, war das Geld plötzlich vorhanden. Die technische Antwort auf die neue Situation hiess **ZUB** (Zugbeeinflussung 121) und ist im Prinzip eine «aufgebohrte» sowie durch Computerunterstützung ergänzte Ausführung von Signum. Wie beim Vorgänger

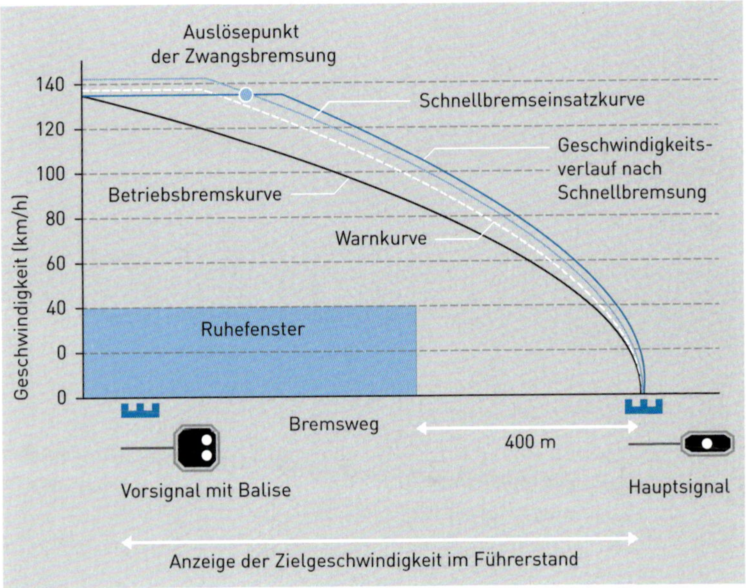

Typische Bremskurve; wird von ZUB nicht nur ausgelöst, sondern auch kontinuierlich überwacht.

werden auch hier lediglich die Signalpunkte überwacht. Am Vorsignal wird jedoch nicht nur eine Warnung ausgegeben, sondern die kontinuierliche Überwachung der (abnehmenden) Geschwindigkeit bis zum Halt zeigenden Hauptsignal eingeleitet. Technisch korrekt ausgedrückt: Ein in der Lokomotive untergebrachter Rechner überwacht die Bremskurve, und dies unter Berücksichtigung sämtlicher relevanten Daten wie Länge und Bremscharakteristik des Zuges, Distanz zwischen Vor- und Hauptsignal, Neigung der Strecke, tatsächliche Geschwindigkeiten und mehr. Liegt die Geschwindigkeit des Zuges an irgendeiner Stelle über der für diesen Punkt berechneten Sollgeschwindigkeit, so erfolgt eine automatische Schnellbremsung. ZUB deckt also nicht nur die beiden Signalpunkte (von Vor- und Hauptsignal) ab, sondern den ganzen Bereich zwischen Vor- und Hauptsignal, und dies dynamisch und «massgeschneidert». Dadurch verbessert sich die Sicherheit in hohem Masse.

Und mehr noch: Weil die Kommunikation zwischen Lokomotive und Signal nicht wie bei Signum durch einfache Magnete erfolgt, sondern durch Hochfrequenz-Koppelspulen («Antennen»), lassen sich statt der simplen Ja/Nein-Befehle von Signum recht komplexe Telegramme übermitteln, bezüglich Länge und Informationsgehalt ungefähr mit

Signum-Magnete, je einer in Gleismitte und neben der (in Fahrtrichtung) linken Schiene.

einer SMS-Kurznachricht vergleichbar. Dies zudem auf verschiedenen Wegen, einerseits wie beschrieben punktuell durch Koppelspulen, aber auch über Linienleiter, also Antennenkabel, die sich in der Mitte des Gleises über längere Distanzen hinziehen können. Drei Schweizer Meterspurbahnen, nämlich jene des Regionalverkehrs Bern–Solothurn, die Wynental-Suhrental-Bahn im Aargau und die Zürcher Forchbahn, haben ihr gesamtes Streckennetz mit Linienleitern ausgerüstet. So können sie ihre Züge permanent überwachen. Aber auch mit punktuell wirkenden Koppelspulen lässt sich vieles erreichen, wenn man diese – allenfalls ohne Bezug zu Lichtsignalen – auf freier Strecke anbringt. Zum Beispiel kann in engen Gleisbögen die Einhaltung einer bestimmten, reduzierten Geschwindigkeit überwacht und gesichert werden.

ZUB ist also, obwohl mittlerweile rund 25 Jahre alt, keinesfalls überholt. Bis vor wenigen Jahren überwachte das System in der Schweiz zuverlässig und kostengünstig knapp 3000 Signalabschnitte; vor allem für kleinere Bahnen wird es noch lange aktuell bleiben. Es hat freilich auch Schwächen:

- Signalisiert das Vorsignal einen bevorstehenden Halt, so bleibt die Bremskurve und deren Überwachung auch dann aktiv, wenn das Hauptsignal während des Bremsvorgangs auf Freie Fahrt wechselt. Der Zug muss also in diesem Fall die Fahrt zunächst unnötigerweise bis auf 40 km/h verlangsamen und nach dem Hauptsignal erneut beschleunigen. Nach einem Halt verlangt das Prozedere zusätzlich, dass sich der Lokomotivführer durch Drücken einer Taste aus dem Bremsvorgang befreit.

- Als schweizerische Spezialität passt ZUB – wie übrigens auch Signum – nicht in die zeitgenössische und erst recht nicht in die künftige Eisenbahnlandschaft Europas. Beide Systeme verlangen eine eigene technische Ausrüstung der Lokomotiven und sind somit ein Hindernis für den grenzüberschreitenden Verkehr. Grenznahe und von schweizerischen Zügen befahrene Streckenabschnitte im Ausland, wie zum Beispiel die Linie Schaffhausen–Singen, sind deshalb zusätzlich zum ortsüblichen auch mit dem schweizerischen Zugsicherungssystem ausgerüstet.
- Die zentralen Informationen werden auf optischem Weg über Lichtsignale zum Lokführer transportiert. Für Geschwindigkeiten über 160 km/h, wie sie im europäischen Fernverkehr Standard sind, ist ZUB daher unbrauchbar; die korrekte Interpretation des Signalbildes durch den Lokführer wäre nicht mehr unbedingt gewährleistet, speziell bei Nebel und Regen.

Ein neues Zeitalter bricht an: ETCS

Dass die technische Entwicklung hin zu immer höherer Geschwindigkeit, dichterer Zugfolge und stärkerer internationaler Vernetzung einen grundlegend neuen Ansatz für die Sicherung des Bahnbetriebes benötigt, ist seit Langem klar. Schon vor bald 30 Jahren definierte der Internationale Eisenbahnverband (UIC) ein neues Betriebsführungskonzept und erklärte es zum grenzübergreifenden Standard der Zukunft. Das Gesamtkonzept heisst **ERTMS** (European Rail Traffic Management System) und besteht aus mehreren Modulen; jenes für die Zugbeeinflussung nennt sich **ETCS** (European Train Control System) und ist für alle Hochgeschwindigkeits-Neubaustrecken europaweit zwingend vorgeschrieben, für die anderen Strecken fakultativ.

Die Schweiz ihrerseits entschied im Jahr 1998 als erstes Land Europas, bis Ende 2017 ihr Normalspurnetz, soweit es vom Ausland her zugänglich ist, vollständig auf einen mit ETCS zumindest kompatiblen Stand zu bringen. Zuerst wurde zwischen Ende April 2002 und Ende November 2003 im Sinne eines Feldversuchs die Linie Zofingen–Sempach unter ETCS **Level 2** betrieben. Leider war das Resultat negativ: Es kam immer wieder zu Störungen, und die Termine verschoben sich. Aber den SBB brachte der Versuch wertvolle Erfahrungen.

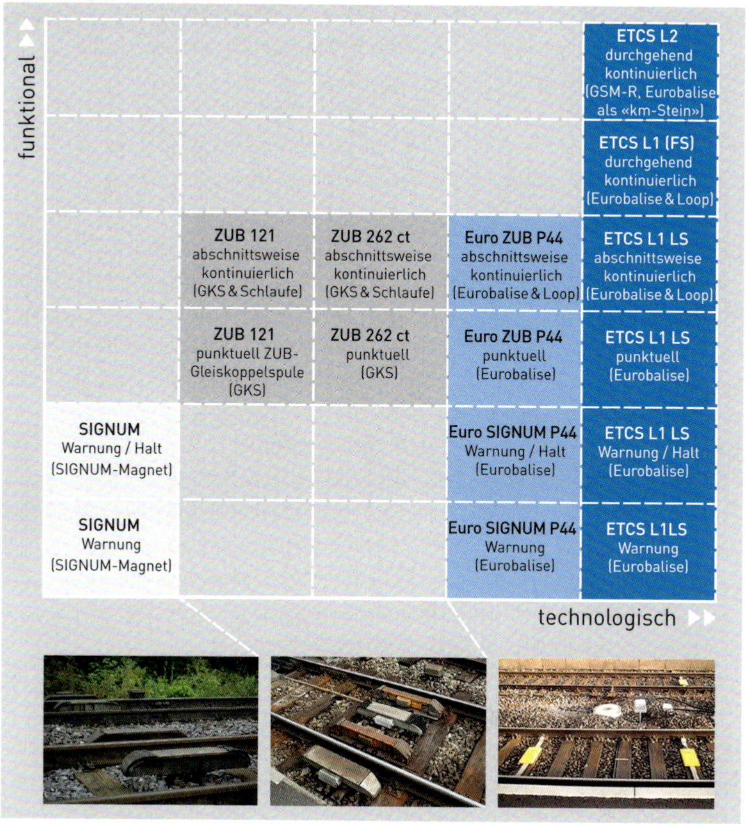

Funktionsmatrix der schweizerischen Sicherungssysteme.

Als erster richtig ETCS-konformer Streckenabschnitt wurde schliesslich 2006 (statt wie vorgesehen 2004) die Neubaustrecke zwischen Rothrist und Mattstetten bzw. Solothurn als Teilstück der beiden wichtigsten Ost-West-Linien in Betrieb genommen. Dies freilich zur Sicherheit mit zwei parallellaufenden Zugbeeinflussungssystemen: ZUB und Signum für die Sicherheit und ETCS im Sinne eines neuen Feldversuchs. Diesmal klappte es: Mit zunehmender Erfahrung im Parallelbetrieb stieg das Vertrauen in die neue Technik, und ab 2007 – gleichzeitig mit der Inbetriebnahme des Lötschberg-Basistunnels, der von Anfang an nur mit ETCS ausgerüstet wurde – verliessen sich die SBB vollends auf die neue Technik. Es folgten der neue Basistunnel durch den Gotthard (2016) sowie einige weitere wichtige Teilstrecken im Flachland.

Bei Publikation dieses Buches scheint freilich der Enthusiasmus eher wieder verflogen zu sein. Faktisch herrscht Ernüchterung, und es bleibt abzuwarten, ob ETCS bzw. dessen «erwachsene» Version namens Level 2 sich langfristig in vollem Umfang durchzusetzen vermag, oder ob die Entwicklung auf halbem Wege, das heisst bei Level 1, stehen bleibt.

Allen auf ETCS Level 2 umgerüsteten Streckenabschnitten ist gemeinsam, dass sie vollständig umgebaut sind – was aber auch heisst, dass sie nur von Zügen befahren werden dürfen, deren Lokomotiven technisch entsprechend ausgerüstet sind. Der grössere Rest des Netzes ist seit Ende 2017 so weit modernisiert, dass er sowohl für alle schweizerischen als auch für ausländische Züge zugänglich ist, freilich mit zwei Einschränkungen: Erstens müssen die ausländischen Lokomotiven mit ETCS der neuesten Generation oder mit ZUB ausgerüstet sein, und zweitens besteht der Schutz nur im Umfang von ZUB oder Signum.

ETCS: Züge leiten statt Fahrstrassen sichern

Auf die Einzelheiten von ETCS werden wir sogleich genauer eingehen. Zuvor ist jedoch eine allgemeine Bemerkung wichtig: Mit der Diskussion von ETCS verlassen wir die Welt der klassischen Bahnsicherung. Die neue Technik konfrontiert uns mit einem Paradigmenwechsel, der auch den Bahnspezialisten viel Umdenken abverlangt, denn viele vertraute Gedankengänge, Grundsätze und Betrachtungsweisen müssen über Bord geworfen werden.

Gleich geblieben ist das Ziel, Unfälle jeder Art zu verhindern und den Bahnverkehr optimal abzuwickeln; doch der Weg dorthin ist mit ETCS völlig neu. Fachleute vergleichen diesen Kulturwandel gerne mit jenem in der Welt der Kommunikation. Eine Telefonnummer suchten wir früher im Telefonbuch, und die gesuchte Person erreichten wir in ihrer Wohnung. Heute suchen wir die Nummer im Internet, und den Adressaten erreichen wir am Mobiltelefon irgendwo auf der Welt. Die übermittelte Botschaft ist heute wie damals die gleiche, aber alles Übrige hat sich geändert.

Auf die Zugbeeinflussung übertragen, kann man es – stark vereinfacht – wie folgt beschreiben: Bis heute war die Fahrstrasse das zentrale Element der Bahnsicherung – ein Gleisabschnitt, für einen Zug reserviert und für den nächsten freigegeben, sobald der erste ihn verlassen hat. Bei ETCS bilden die einzelnen Züge den Mittelpunkt des Geschehens. Sie werden so geführt, dass sie möglichst effizient ans Ziel kommen, und die Computer machen ihnen den Weg frei. Das Vorgehen ist somit ähnlich wie seit langer Zeit im Luftverkehr: Die Flugzeuge bewegen sich im Zentrum eines gedachten Kubus mit definierter Länge, Breite und Höhe. Damit es nicht zu Zusammenstössen kommt, lenken die Lotsen die Maschinen so, dass keine Maschine in diesen «Privatraum» der anderen eindringt. Klassische Luftstrassen, auf denen sich die Flugzeuge in fi-

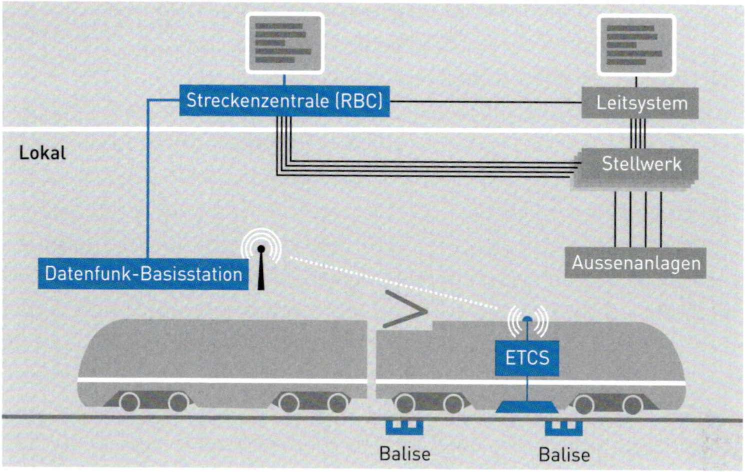

ETCS Level 2 kennt keine Lichtsignale; Balisen markieren die Grenzen der Streckenabschnitte.

xen, vorbestimmten Zeitabständen («Blockdistanzen») folgen, verlieren zusehends an Bedeutung. Ganz ähnlich läuft es bei der Eisenbahn.

Damit dies funktioniert, müssen zwei Voraussetzungen erfüllt sein: Erstens muss die Leitstelle ihre «Kunden» genau kennen (ohne Radar!) und sich darauf verlassen können, dass ihre Anweisungen jederzeit verstanden und auch befolgt werden. Zweitens braucht es hierzu eine permanente, zuverlässige Funkverbindung zwischen Leitstelle und Fahrzeug bzw. Flugzeug.

Genauso funktioniert ETCS in seiner reinen Version (Level 2 oder höher, siehe unten). Über Funk stehen die Züge dauernd mit einer Zentrale (Radio Block Center bzw. RBC) in Verbindung und werden von dieser so geführt, dass sie reibungslos aneinander vorbeikommen. Wohl gibt es noch definierte Gleisabschnitte, aber deren Bedeutung nimmt ab. Heute dienen sie noch dazu, beim Überfahren einer Abschnittsgrenze die von den Computern errechnete Position des Zuges zu kontrollieren und allenfalls zu korrigieren. In nicht allzu ferner Zukunft sollen die Züge die Sicherheitsabstände vor und hinter sich wie einen riesigen, unsichtbaren «Airbag» dynamisch mitführen und die heute noch markierte Abschnittsgrenzen hinfällig werden. Lichtsignale sind heute bereits überflüssig; der Lokführer richtet sich nach der idealen Geschwindigkeit, die vom Computer in der Leitstelle fortwährend neu errechnet und auf dem Geschwindigkeits-Display im Führerstand angezeigt wird. Überschreitet er diese Sollgeschwindigkeit, wird er zuerst gewarnt, und im Notfall wird der Zug angehalten.

Wie erwähnt, setzt ETCS in dieser nach heutigem Verständnis endgültigen Form (korrekt ETCS Level 2 genannt) voraus, dass sich Lokomotive und Leitstelle permanent gut verstehen. Dazu braucht es zunächst ein «Begrüssungsritual», und zwar in gebührender Distanz vor dem Eintritt in den ETCS-Bereich, da der Vorgang während der Fahrt abläuft und bei Erreichen des ETCS-Bereichs vollständig abgeschlossen sein muss. Lokomotive und RBC tauschen zahlreiche Signale und Codes aus, vergleichbar mit der Eingabe des Passworts bei einem Computer, aber erheblich komplexer. Ist alles in Ordnung, zeigt das letzte Lichtsignal vor der ETCS-Strecke Grün, im andern Fall ist die Fahrt zum Beispiel in Brunnen oder in Biasca (den Grenzen der ETCS-Strecke durch den Gotthard) zu Ende. Von dieser Regel gibt es keine Ausnahme; Fahrzeuge ohne ETCS-Ausrüstung oder mit misslungenem Begrüssungsritual bleiben draussen. Selbst über die alte, ab Erstfeld (Nordportal des Basistunnels) nur mit dem einfacheren ETCS Level 1 LS gesicherte Gotthardlinie können keine Fahrzeuge ohne vollwertige und funktionierende ETCS-Level-2-Ausrüstung fahren, es sei denn, sie werden zwischen Brunnen und Erstfeld von einer voll ETCS-2-tauglichen Lokomotive geschleppt.

Tatsächlich kommt es hin und wieder zu Störungen, weil einem Reise- oder Güterzug die «Begrüssungszeremonie» nicht gelingt. Das ist jeweils lästig für die Betroffenen, aber nicht zu ändern: Ohne passenden Schlüssel kein Eintritt!

Soviel zur relativ leicht verständlichen «Philosophie» von ETCS. Die folgenden Abschnitte führen uns zurück in die komplexe Realität.

Drei Generationen

ETCS ist ein Gattungsbegriff, der einer Differenzierung bedarf. Es gibt, wie bereits angedeutet, vier Grundversionen bzw. Levels (Stufen) von ETCS, die sich in erster Linie in ihrer Leistungsvielfalt unterscheiden, und davon teilweise verschiedene Varianten. Zwei von ihnen sind in der Schweiz eingeführt:

- ETCS Level 0: Einfachste Variante, nur zur Überwachung der Höchstgeschwindigkeit geeignet. In der Schweiz nicht im Einsatz, da diese Funktion von ETCS Level 1 LS (siehe unten) abgedeckt wird.

- ETCS Level 1 LS (Limited Supervision): Einfache Version; grundsätzlich identisch mit Level 1 FS (nächster Abschnitt), aber im Prinzip beschränkt auf die Funktionen von ZUB und Signum (jetzt Euro-ZUB und Euro-Signum genannt). Mit anderen Worten: ETCS Level 1 LS ersetzt die bisherigen Zugbeeinflussungen der Schweiz durch eine dem Stand der Technik entsprechende Technologie, ohne dabei deren Funktionen zu er-

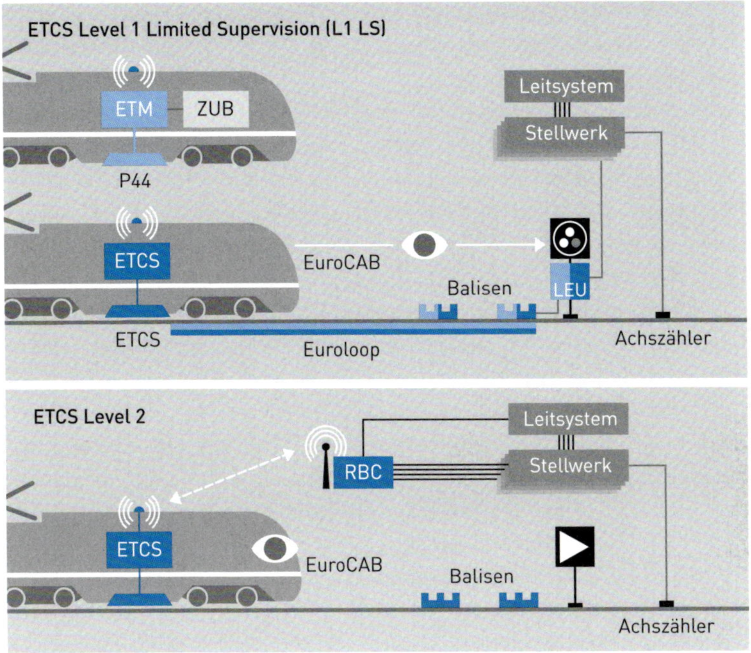

Oben: Heutiger Zustand. Unten: Reines ETCS, derzeit auf Teilstrecken realisiert.

weitern. Es ist das Standardsystem in der Schweiz an praktisch allen Signalstandorten des Normalspurnetzes, soweit sie nicht an einer mit ETCS Level 2 ausgerüsteten Strecke liegen. Zusätzlich dient das System der Geschwindigkeitsüberwachung an kritischen Stellen ohne Lichtsignal (enge Gleisbögen usw.). Eine sogenannte Lineside Electronic Unit (LEU) erzeugt die Telegramme für die Balise (bzw. für den Zug, an den sie gesendet werden) entsprechend dem vom Signal dargestellten Fahrbegriff. Anstelle eines RBC wird der Signalbegriff vom Stellwerk erzeugt.

Neuere Fahrzeuge können die von der Balise gesendeten Telegramme direkt als ETCS-Befehle interpretieren, während ältere Fahrzeuge einen sogenannten «Rucksack» mitführen. Darunter versteht man ein Modul (korrekt: Eurobalise Transmission Module oder kurz ETM), welches die Telegramme in herkömmliche Signum- oder ZUB-Signale übersetzt. – Dank ETCS Level 1 LS ist das Schweizer Normalspur-Bahnnetz weitgehend europatauglich, und die bekannten Lichtsignale können weiterverwendet werden. Die Kosten für die Umrüstung beliefen sich schweizweit auf ungefähr 500 Millionen Franken. Die zulässige Höchstgeschwindigkeit beträgt je nach örtlicher Situation weiterhin maximal 160 km/h.

- ETCS Level 1 FS (Full Supervision): Variante von Level 1 mit voller Zugbeeinflussung, aber punktueller Datenübertragung. Der Austausch zwischen Kommunikationszentrale (Radio Block Center, RBC) und Zug erfolgt über Eurobalisen (Antennen), die anstelle der früher üblichen Signum-Magnete oder ZUB-Spulen im Gleis liegen. Übermittelt werden Telegramme, die etwa einer SMS-Nachricht entsprechen. Alternativ kann statt der Eurobalise eine als Schleife ins Gleis gelegte Kabelantenne (Euroloop) vorhanden sein. ETCS Level 1 FS ist in der Schweiz nicht im Einsatz.

- ETCS Level 2: Standardversion von ETCS mit vollem Funktionsumfang. Der Zug steht nicht nur punktuell am Standort einer Balise mit dem RBC im Kontakt, sondern permanent über eine Funkverbindung auf der Basis von GSM-R (speziell gesicherte Version des Mobiltelefonie-Standards GSM). Die Strecke ist wie gewohnt in («Block»-)Abschnitte unterteilt, welche technisch durch Eurobalisen und visuell durch Signaltafeln markiert sind. Lichtsignale fehlen, denn zwischen den Signaltafeln errechnet der Zug seine Position permanent neu, überträgt die Werte zum RBC und bekommt von diesem laufend die entsprechenden Fahrbefehle auf sein Display gesendet. Weil der Lokführer keine Lichtsignale mehr beachten muss, erlaubt dieses System Geschwindigkeiten über 160 km/h. In der Schweiz wurde ab 2007 die Neubaustrecke Mattstetten–Rothrist auf der Linie Bern–Olten als erste definitiv mit ETCS Level 2 betrieben. Seither sind mehrere andere Abschnitte dazugekommen, vor allem die neuen Alpentransversalen Gotthard und Lötschberg, und weitere folgen stetig.

- ETCS Level 3: Im Prinzip identisch mit ETCS Level 2, jedoch ohne fixe Abschnitte. Als Ersatz teilt das System jedem Zug eine vordere und eine hintere Schutzzone zu. Diese Freiräume werden vom Zug gewissermassen als «virtueller Blockabschnitt» mitgeschleppt. ETCS Level 3 ist noch nirgends realisiert.

Betriebssystem: Es ist kompliziert ...

Zusätzlich zu den verschiedenen Stufen (Levels) gilt es bei ETCS auch den Entwicklungsstand der eingesetzten Betriebssysteme zu beachten. Sämtliche aktiven und künftigen ETCS-Strecken der Schweiz – präziser: die entsprechenden RBC-Zentralen – laufen unter dem Betriebssystem Baseline 2; aktuell ist Baseline 3. So kommt es ähnlich wie bei kommerzieller Software zu Kompatibilitätsproblemen. Vereinfacht lässt sich sagen: Baseline 3 ist abwärts kompatibel zu Baseline 2, Baseline 2 jedoch nicht aufwärts kompatibel zu Baseline 3.

Lichtsignale, die von ZUB auf ETCS Level 1 LS aufgewertet wurden, sprechen nur unter Baseline 3 zuverlässig mit allen Funktionen an. Für

ben: ETCS Level 2; Balisen im Gleis, Signaltafel an der Stelle der früheren Signale.
nten: Anzeige der Sollgeschwindigkeit im Führerstand.

Loks mit Baseline-2-Ausrüstung verhalten sie sich wie ein herkömmliches ZUB-Signal, und auch das nur, weil die Eurobalise beide Standards abstrahlt. Modernste Schnellzüge wie Giruno (SBB) oder Traverso (SOB) sind nur noch mit ETCS Level 2 Baseline 3 unterwegs; eine ZUB-Ausrüstung fehlt aus Gewichts- und Kostengründen.

Seit 2005 sind alle betroffenen Lokomotiven der Schweizer Normalspurbahnen zumindest mit einem «Rucksack» bzw. ETM ausgerüstet, die seit 2014 neu beschafften Triebfahrzeuge ungeachtet der zuvor bestehenden Konfiguration zusätzlich mit ETCS oder zumindest dafür vorbereitet. Ältere Fahrzeuge werden soweit nötig alsbald umgerüstet oder ausgemustert, es sei denn, sie fahren nur auf ganz bestimmten (Neben-)Strecken. Es ist offensichtlich, dass die Vielfalt der Streckenausrüstung den freizügigen Einsatz der Fahrzeuge einschränkt. Dies gilt vor allem für die SBB mit ihrem grossen und vielfältigen Netz. Erst die vollständige Einheitlichkeit der Netzausrüstung bezüglich ETCS-Level und Baseline wird diesen Zustand beenden.

Zur «Reifeprüfung» der neuen Technologie gehört schliesslich der Beweis, mit sämtlichen Arten von Zugbewegungen in allen Umgebungen zurechtzukommen. Dazu gehören Rangierfahrten ebenso wie das Vereinigen von zwei Zügen («aus 2 mach 1») oder das Gegenteil, die Trennung bzw. Verkürzung eines Zuges. Bei Erscheinen dieses Textes sind erste Versuche in dieser Richtung im Gange. Dies freilich ohne Rangierfahrten; für diese werden spezielle Rangier-Zwergsignale mit blauen Lichtern erprobt.

Wie bei den früheren Generationen von Sicherungstechnik gilt in der Schweiz auch für ETCS das Prinzip, strategisch kritische Infrastrukturanlagen wenn möglich von mindestens zwei Herstellern zu beziehen. Während vieler Jahre war Thales der einzige Lieferant von ETCS-Streckenausrüstung; ein erster grösserer Abschnitt der Walliser Rhonetal-Linie wurde im Jahr 2018 von Siemens erstellt.

Aus dem Gesagten geht klar hervor, dass ETCS für die Schweiz ein ohne Zweifel zukunftsträchtiges und vielversprechendes Projekt ist, das jedoch in weiten Teilen noch nicht seine vollständige Reife erreicht hat.

Herausforderung für Stellwerke

Als europäische Zugbeeinflussung der Zukunft erfordert ETCS auch Stellwerke der Zukunft. ETCS Level 1 LS ist vom Funktionsumfang her nahe genug am bisherigen System ZUB, um mit herkömmlichen Relais-Stellwerken zurechtzukommen. Nicht so ETCS Level 2; hier sind moderne elektronische Stellwerke zurzeit ein Muss.

Wie oben beschrieben, geht es bei ETCS nicht nur darum, jedem Zug eine gesicherte Fahrstrasse zur Verfügung zu stellen; vielmehr werden die Züge aktiv und individuell gelenkt, wobei den Streckenzentralen (Radio Block Center bzw. RBC) eine wichtige Rolle zukommt. Das RBC ist ein Computer, der «seine» Streckenabschnitte permanent überwacht, den auf ihm fahrenden Zügen über die im Gleis liegenden Balisen sowie über Funk die nötigen Anweisungen erteilt sowie sämtliche Vorgänge und Zustände akribisch protokolliert. Das RBC übernimmt damit Funktionen, die es bei den bisherigen Bahnsicherungssystemen nicht gab, indem es sowohl mit den Zügen wie auch mit den benachbarten Streckenzentralen und Stellwerken kommuniziert.

Markierung eines ETCS-Gleisabschnitts.

Besonders anspruchsvoll ist diese Arbeitsverteilung dort, wo ein von ETCS kontrollierter Streckenabschnitt an einen mit traditioneller Technik grenzt. Dort gilt es nämlich, die beiden unterschiedlichen Grundsätze «Fahrstrassensicherung» im konventionellen Bereich und «Zuglenkung» im ETCS-Bereich zwischen Lokomotive und RBC zu synchronisieren – das oben beschriebene während der Fahrt mit bis zu 160 km/h vollautomatisch ablaufende «Begrüssungsritual» (und später wieder eine analoge «Abschiedszeremonie»), in denen es unter keinen Umständen zu einem «Missverständnis» kommen darf. Heikel ist vor allem die Fahrt vom traditionellen in den ETCS-gelenkten Bereich. Kommt es dabei auch nur zum kleinsten «Missverständnis» zwischen Lokomotive und RBC, so verweigert dieses die Einfahrt in «seinen» Streckenabschnitt. Und dann ist es Sache des Personals im Kontrollzentrum, mit dem steckengebliebenen Zug fertig zu werden.

Anders verhält es sich mit der nächsthöheren Steuerungsebene, dem Leitsystem. Hier herrscht ohnehin die Elektronik vor, und je höher in der Hierarchie wir steigen, desto mehr treten Alltagsprobleme wie «Begrüssungsrituale» und Ähnliches in den Hintergrund.

Sb
66
64
65
62
63
60a
61
66
67
59
60b
55
54
53

Stellwerk

Unter einem Stellwerk stellen sich Laien mitunter ein turmähnliches Gebäude vor, das am Rande eines Bahnhof-Gleisfeldes steht und von wo aus Stellwerkbeamte die **Weichen** und **Signale** so stellen, dass die Züge auf gesicherten **Fahrstrassen** über die richtigen **Gleise** rollen. Das Bild mit dem Turm voller Schalthebel stimmte in der Frühzeit der Eisenbahn; heute bezieht sich der Begriff ausschliesslich auf die technische Einrichtung im Stellwerk, die früher hinter den Hebeln oder Schaltpulten unsichtbar verborgen war. Vereinfacht gesagt: Ein Stellwerk ist heutzutage ein Computer, welcher die Weichen, Signale, Bahnübergänge und Gleisabschnitte in einem bestimmten Gebiet steuert und überwacht, und der seinerseits von einer **Leitstelle** aus über eine Datenleitung ferngesteuert wird. Für die notfallmässige Lokalbedienung sind noch ein Bildschirm und eine Tastatur vorhanden.

Einmal mehr erleichtert ein Blick in die Vergangenheit das Verständnis für den Gegenstand. Da und dort ist die Ur-Technik noch zu sehen, zum Beispiel bei Bergbahnen, bei selten benutzten Abstellgleisen oder im Bereich von privaten Anschlussgleisanlagen. Wir nehmen an, dass ein Fabrikationsbetrieb vom benachbarten Bahnhof aus durch ein Anschlussgleis erschlossen ist, das auf dem Fabrikgelände – also ausserhalb des Bahnhofs – über eine private Weiche die Lagerhallen A und B erschliesst. Diese Weiche kann bedenkenlos von Hand bedient

Früheres mechanisches Stellwerk im Hauptbahnhof Bern.

Schwerarbeit im mechanischen Stellwerk.

werden, und die Gleisanlage als Ganzes braucht keine Sicherung ausser einer **Entgleisungsvorrichtung**, welche im Notfall einen ungesicherten Güterwagen daran hindern würde, in den Bereich des Bahnhofs zu entlaufen.

So können wir uns den Betrieb auf einem Bahnhof in den Anfangszeiten der Eisenbahn vorstellen: Vor jeder Zugbewegung marschierte der Weichensteller dem vorgesehenen Gleisstrang entlang, stellte eine Weiche nach der anderen in die richtige Position und gab am Schluss dem **Bahnhofsvorstand** ein Handzeichen, worauf dieser den Zug heranwinkte, was der Lokomotivführer seinerseits durch einen kurzen Pfiff bestätigte. Grössere Bahnhöfe beschäftigten naturgemäss mehrere Weichen- und Signalsteller, was die Gefahr von Missverständnissen mit sich brachte. Aber es funktionierte, wenn sich alle Beteiligten konzentrierten und der Verkehr nicht zu intensiv war.

Mechanische Stellwerke

Um das Jahr 1840, also bereits 15 Jahre nach Stephensons erstem Dampfzug, baute ein britischer Ingenieur das erste Stellwerk. Weichen und Signale verband er über ein neben den Gleisen in Kanälen und auf Rollen geführtes Metallgestänge mit einer zentralen Schaltstelle. Andere Ingenieure wählten statt der Gestänge Drahtzüge; diese waren einfacher zu bauen, benötigten aber in regelmässigen Abständen Spannvorrichtungen mit Metallgewichten. Die Drähte oder Stangen führten von den verschiedenen Weichen zu einer Schaltstelle im Zentrum der Gleisanlage, die der Übersichtlichkeit zuliebe leicht erhöht untergebracht war. Dort war, wie es ein zeitgenössischer Berichterstatter formulierte, «ein höchst aufmerksamer, umsichtiger, sehr gut bezahlter Mann postiert, der von seinem Standpunkt aus den ganzen oder doch den grössten Teil des Bahnhofs übersehen kann», durch Umlegen von grossen, nummerierten Hebeln die verschiedenen Weichen bediente und dabei gleichzeitig auch noch das erledigte, was wir heute «**Gleisfreimeldung**» nennen.

Verbindung zu den Aussenanlagen: Gestänge (links) oder Drahtzug mit Nachspannung durch Gewichthebel (rechts).

Damit waren gleich zwei Fliegen auf einen Schlag erlegt. Erstens hatte der Stellwerkwärter dank des erhöhten und wetterfesten Standorts einen guten Überblick über die Zugbewegungen; und zweitens konnte er allein zahlreiche, in gewissen Fällen 50 oder mehr Weichen und Signale bedienen (mit Muskelkraft, wohlverstanden), was die Gefahr von Missverständnissen zwischen verschiedenen Weichenstellern verringerte. Da lohnte es sich auch, ihn «sehr gut» zu bezahlen …

Die Aufgabe eines Stellwerks hat sich seit den Anfängen nicht verändert, wohl aber die Technik, die Funktionsvielfalt und vor allem die Sicherheit.

Die allerersten Stellwerke dienten lediglich der Fernbedienung von Weichen und Signalen; Sicherheitsfunktionen fehlten. Wie beschrieben bewegten grosse Hebel (gross, um durch die Hebelwirkung den Kraftaufwand in Grenzen zu halten) oder Kurbeln über die Drahtzüge oder das Gestänge die Weichen und Signale sowie deren Verriegelung.

Rasch kamen einzelne Funktionen im Dienste der Sicherheit hinzu. Ähnlich wie ein traditionelles Schloss die Tür nur öffnet, wenn der Bart des Schlüssels exakt in das Gegenstück des Schlosses (Besatzung genannt) passt, wurde die Umstellung einzelner Weichen oder Signale an Bedingungen geknüpft, und es wurden eigentliche **Fahrstrassen** gebildet. Beispielsweise blieb ein Signal in der Stellung «Halt» blockiert, solange nicht bestimmte Weichen zusammen eine definierte, hindernisfreie Fahrstrasse bildeten und in dieser Stellung verschlossen (gesi-

Mechanisches Stellwerk der «modernsten» Bauart.

chert) waren. Zeigte dann das Signal «freie Fahrt», liessen sich umgekehrt die betreffenden Weichen nicht mehr umstellen, die Fahrstrasse blieb gesichert. Auch Gegenfahrten liessen sich auf diese Weise verhindern: Ein Signal konnte nur «Fahrt» anzeigen, wenn das Signal für die Gegenrichtung «Halt» befahl.

All diese Abhängigkeiten und je nach Bauart des Stellwerkes noch einige mehr wurden rein mechanisch realisiert, und entsprechend lange – nämlich zum Teil mehrere Minuten – dauerte es, bis der Stellwerkwärter mittels der verschiedenen Hebel und Kurbeln die komplexe Mechanik mit Rattern und Quietschen in die richtige Stellung gebracht hatte.

Diese Mechanik wurde Verschlussregister genannt, war häufig unter dem Fussboden des Stellwerkes verborgen und erinnert an das Werk einer Kirchturmuhr. Da drehten und verschoben sich je nach Hersteller in unterschiedlicher Weise Stangen (Lineale genannt) und Räder, Nop-

Verschlussregister (Ausschnitt).

ektromechanisches Stellwerk Basel-Rheinhafen, bis 2017 im Betrieb.

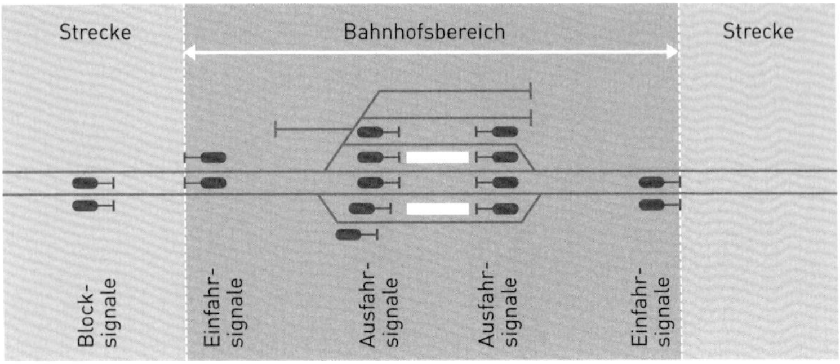

Typische Anordnung der Signale auf einem Bahnhof.

pen und Schablonen mit Kerben und Verdickungen; sie griffen ineinander, rasteten ein und blockierten sich gegenseitig so, dass unerwünschte Kombinationen nicht möglich waren. Das Verschlussregister war also das «Gehirn» des Stellwerks; es definierte die Abhängigkeiten zwischen den sicherheitsrelevanten Anlagenteilen wie z.B. Weichen und Signalen. Selbst bei geringfügigen Veränderungen des Gleisbilds, etwa beim Einbau einer neuen Weichenverbindung, musste in der Regel das ganze Stellwerk angepasst, allenfalls sogar neu gebaut werden!

Dies war vor allem in der Schweiz ein Problem. Denn im Unterschied zu den umliegenden Ländern entwickelte sich das Eisenbahnwesen hier nicht nach einer national vorgegebenen Strategie, sondern eher chaotisch. Kantone und Investoren bauten praktisch ohne gegenseitige Absprache ihre eigenen Bahnnetze und kauften Stellwerke. So ist es zu erklären, dass hierzulande eine grosse Vielfalt von nicht kompatiblen mechanischen Stellwerktypen im Einsatz war – ein Handicap für die anno 1902 gegründeten Schweizerischen Bundesbahnen, die sich mühsam mit den verschiedenen Systemen auseinandersetzen und das entsprechende Know-how aufbauen mussten – bis später der technische Fortschritt die mechanischen Stellwerke obsolet machte und auf dem neuen technischen Stand eine Standardisierung erlaubte.

Elektromechanische Stellwerke

Handbediente Stellwerke erfüllten ihren Zweck, aber nur in engen Grenzen. Die angeschlossenen Weichen und Signale durften nicht zu weit vom Stellwerk entfernt liegen, weil der Kraftaufwand für die Bedienung der Gestänge und Seilzüge mit der Distanz rasch anstieg. Ab 200 bis 300 Metern wurde die Sache mühsam, sodass es auf grösseren Bahnhöfen mehrere Stellwerke brauchte. Dies wiederum erhöhte die Gefahr durch Missverständnisse bei der gegenseitigen Absprache.

Bedientisch eines Gleisbild-Relaisstellwerks: Anfang und Ende der Fahrstrasse gleichzeitig drücken – den Rest erledigt die Technik.

In den Jahren um 1900 erlebte die Elektrotechnik einen gewaltigen Entwicklungsschub. Stromnetze entstanden, und innert weniger Jahre wurde die Elektrizität zur bevorzugten Energie für immer mehr Anwendungen. Ab 1899 fuhr zwischen Burgdorf und Thun (Kanton Bern) die erste elektrische Normalspurbahn Europas. Die Schweizerischen Bundesbahnen beschlossen anno 1902 – nur fünf Monate nach Ihrer Gründung – den Bau einer elektrifizierten Versuchsstrecke zwischen Zürich Seebach und Wettingen, um die zukunftsweisende (und heute noch angewendete) Antriebstechnik mit Einphasen-Wechselstrom zu erproben. Da war es nur logisch, dass auch die Hersteller von Stellwerken die neue Energie zu nutzen begannen.

So entstanden die ersten elektromechanischen Stellwerke mit, wie man heute sagen würde, hybrider Technik. Statt grosser Hebel oder Kurbeln bedient der Stellwerkwärter elektrische Schalter. Dadurch wird die grundsätzlich unverändert gebliebene Mechanik mit dem Verschlussregister in Gang gesetzt. Sobald alles passt und sicher ist, wird nicht wie zuvor eine Klinke gelöst und dadurch die Stellmechanik freigegeben, sondern ein elektrischer Schalter betätigt. Jetzt kann der Strom über ein Kabel zur Anlage fliessen, wo ein Elektromotor die Weiche oder das Flügelsignal bewegt, verschliesst und zuletzt noch zur Bestätigung im Stellwerk eine Kontrolllampe aufleuchten lässt.

Elektromechanische Stellwerke sind vereinzelt heute noch im Betrieb. Im Basler Hafenbahnhof Kleinhüningen versah eine grosse Anlage nach dem technischen Stand von 1912 (die aber wegen kriegsbedingter Verzögerungen erst 1945 installiert werden konnte) 72 Jahre lang zuverlässig ihren Dienst. Erst 2017 wurde sie durch ein elektronisches Stellwerk der neuesten Generation ersetzt. Einer der Gründe war, dass kaum noch Spezialisten zu finden waren, die die alte Anlage mit ihrem komplexen mechanischen Verschlussregister im Ernstfall hätten reparieren können.

Relais-Stellwerke

Jeder Fortschritt wird einmal zur Geschichte, und es dauerte nicht lange, bis auch die Sicherheitsfunktionen vom mechanischen Verschlussregister auf die Ebene der Elektromechanik transferiert wurden. Den Ausschlag gaben zwei technische Errungenschaften:

- die zuverlässige, flächendeckende Stromversorgung, und
- die Verfügbarkeit einfacher, kostengünstiger und robuster Relais.

Ein Relais ist nichts anderes als ein elektrisch betätigter Schalter. Durch Anlegen einer Spannung an eine Spule wird je nach Bauweise des Relais ein Stromkreis entweder geöffnet, geschlossen oder umgeschaltet. Eine klug verdrahtete Gruppe von Relais kann jedes noch so komplizierte Verschlussregister ersetzen. Bei Störungen wird einfach der betroffene Relaissatz ausgewechselt, der Beizug eines spezialisierten «Uhrmacher-Mechanikers» erübrigt sich. Und besonders wichtig: Relais können nach einem Defekt repariert werden (Computer-Chips nicht); sie lassen sich ferner in beliebiger Weise zu Gruppen zusammenfügen, diese wiederum zu noch grösseren Einheiten und so fort. So sind selbst komplexe logische Operationen möglich, wie etwa die Steuerung

Bedienung durch Knopfdruck, Rückmeldung durch Lampen.

eines Signals in Abhängigkeit von zahlreichen Bedingungen, die je nach Betriebssituation (z.B. mit oder ohne gleichzeitige Rangierbewegungen) auch unterschiedlich sein können. Ein solchen Aufgaben gewachsenes Verschlussregister wäre kaum realisierbar – und wenn, dann wohl sehr störanfällig.

Aus heutiger Sicht darf man ein Relais-Stellwerk mit gutem Gewissen als primitiven Computer bezeichnen: zwar nach heutigen Massstäben langsam, riesig und alles andere als flexibel, aber durchaus imstande, den Verkehr selbst auf einem grossen Bahnhof jederzeit sicher und effizient zu orchestrieren. Das Personal kann die Einhaltung der Sicherheitsvorschriften der Technik überlassen und sich ganz auf die Optimierung des Betriebsablaufs konzentrieren.

Wie bei der Elektrifizierung der Bahn und bei der automatischen Zugbeeinflussung (siehe Seite 79), so spielte die Schweiz auch bei der Entwicklung des Relais-Stellwerks eine massgebende Rolle. Federführend war die 1919 gegründete Firma Signum (später Integra Signum und seit 1992 Teil von Siemens Mobility). Ihre Stellwerke der Domino-Serie sind heute noch in der ganzen Schweiz und mancherorts im Ausland präsent und vor allem für kleinere Bahnhöfe ideal. Dies gilt in gleicher Weise auch für die Relais-Stellwerke anderer Hersteller wie Sauber & Gisin, IED Intelis oder Mauerhofer & Zuber, die in der Schweiz ebenfalls weitverbreitet sind. Sie sind technisch robust, in verschiedenen Versionen für unterschiedliche Betriebsformen erhältlich und wartungsfreundlich. Die Distanz zu den Aussenanlagen kann bis etwa 6,5 km betragen; Signale, Bahnübergänge oder Abzweigungen von Industriegleisen ausserhalb der unmittelbaren Bahnhofnähe lassen sich ohne grossen Aufwand miterfassen und überwachen.

Ihr markantes Merkmal ist der klassische Stelltisch, der Arbeitsplatz. Die Tischfläche zeigt schematisch das dem Stellwerk zugeordnete Gleisfeld. Der Zugverkehrsleiter sieht also das Schema seines Verantwortungsbereichs vor sich, und an all jenen Stellen, wo eine Fahrt beginnen oder enden könnte – also bei Weichen, Signalen, an einem Prellbock usw. –, eine farblich gekennzeichnete Drucktaste. Die Gleisabschnitte sind je nach ihrem Zustand – frei, besetzt, als Fahrstrasse gesichert – durch Lampen gekennzeichnet.

Für einen Laien bieten die mitunter recht grossen Schalträume eines Relais-Stellwerks ein Bild des absoluten Chaos. Nicht so für die Spezialisten: Sie sind von der eleganten Struktur der Relais-Stellwerke fasziniert. Die einzelnen Komponenten sind nämlich so verdrahtet, dass das elektrische Schema zwar nicht optisch, aber logisch genau dem Gleisschema des Bahnhofs entspricht. Die Fachleute sprechen vom Prinzip des Spurplans und meinen damit, dass der Strom so von einer Relaisgruppe zur nächsten fliesst, wie später der Zug von einer Weiche zur nächsten fährt. Das heisst (in starker Vereinfachung!), dass eine Fahrstrasse erst dann freigegeben werden kann, wenn im Stellwerk auch der Strom ungehindert über die entsprechenden Drähte fliesst – was wiederum bedeutet, dass alle Weichen richtig stehen, die Gleise frei sind und die Signale bis zum Ende der Fahrstrasse «Fahrt» anzeigen, dort jedoch «Halt».

Für das Personal ist die Bedienung eines Domino-Stellwerks in jedem Fall denkbar einfach. Soll ein einfahrender Zug zum Beispiel auf Gleis 4 anhalten, so drückt der Zugverkehrsleiter gleichzeitig die Taste beim Einfahrsignal und jene beim Haltesignal am Ende von Gleis 4. Das System sucht nun, ähnlich wie das Navigationsgerät im Auto, den bevorzugten freien Weg, stellt die Weichen, prüft ihren sicheren Verschluss, kontrolliert den Zustand betroffener Bahnübergänge, schaltet eine gesicherte Fahrstrasse und stellt schliesslich das Einfahrsignal auf Fahrt. Der Zugverkehrsleiter kann nun die Einfahrt des Zuges anhand entsprechender Lampen auf dem jeweils besetzten Gleisabschnitt verfolgen. Und er sieht auch (vorausgesetzt, dass die Gleisbelegung überwacht ist – siehe Seite 57f), wie hinter dem Zug die nicht mehr besetzten Gleisabschnitte und Weichen wieder als frei markiert werden und das Einfahrsignal auf Rot schaltet – mit anderen Worten: wie sich die Fahrstrasse hinter dem Zug abschnittweise selbstständig auflöst.

ben: Altbewährte Technik: Zentralstellwerk Zürich HB von aussen …
nten: … und von innen.

Herstellung von Kabelsätzen für neue Relais-Stellwerke.

Ein weiteres Komfortmerkmal ist, dass sich Standardabläufe programmieren lassen. Wenn der ordentliche Fahrplan im Leitsystem hinterlegt ist, «weiss» dieses, dass der S-Bahn-Zug mit der Nummer xy jeden Werktag um 16.21 Uhr auf Gleis 2 einfährt und ganz zuvorderst am Perron anhalten muss, weil in den hinteren Sektoren sechs Minuten später der Regionalzug yz einfährt – und zwar besonders langsam und vorsichtig, weil das Gleis bereits teilweise besetzt ist. Darum wird das Stellwerk in diesem Fall von sich aus nur eine «Einfahrt auf besetztes Gleis» freigeben. Solange der Vorgang fahrplangemäss abläuft, wird er automatisch ausgelöst.

Elektromechanische Relais-Stellwerke wie Domino und ähnliche Modelle anderer Hersteller mögen nicht mehr den aktuellsten Stand der Technik verkörpern, aber sie sind auch im modernen, von Elektronik gekennzeichneten Umfeld voll «up to date». Dies nicht zuletzt, weil sie sich, soweit sie jüngeren Datums sind, mühelos fernsteuern lassen. Alles funktioniert elektrisch, und da spielt es keine Rolle, ob die Eingaben am Bedienpult im Bahnhofgebäude erfolgen oder in einer entfernten Zentrale. Dies erleichtert ihre Integration in computergesteuerte Leitsysteme. So überrascht es nicht, dass selbst grösste Bahnhöfe wie der Zürcher Hauptbahnhof und die Bahnhöfe von Bern, Schaffhausen und Lausanne heute noch durch altbewährte Relais-Anlagen kontrolliert werden; nur die Arbeitsplätze wurden in eines der neuen SBB-Betriebszentren verlagert. Im grossen Stellwerkturm des Zürcher Hauptbahn-

«Innereien» eines Relais-Stellwerks.

hofs steht zwar die oberste Etage (die «Kommandobrücke») leer, darunter rattern jedoch auf zwei Stockwerken immer noch mehr als 15 000 handgefertigte Relais aus den 1960er-Jahren!

Diese Langlebigkeit ist der Grund dafür, dass Relais-Stellwerke immer noch gebaut werden, wenn auch in relativ geringer Zahl. Ein besonders treuer Kunde ist die Rhätische Bahn: Ihr alpines Netz erschliesst extrem abgelegene Gebiete und umfasst zahlreiche kleine Bahnhöfe mit einfachen Gleisanlagen und nur geringer Aktivität, abgesehen von Zugdurchfahrten. So finden sich über das ganze Netz verstreut zahlreiche, ausnahmslos ferngesteuerte Mini-Stellwerke; eines von ihnen steht mitten im 19 km langen Vereinatunnel in einem umgebauten Güterwagen und kontrolliert die dortige Kreuzungsstelle. All diese kleinen, einfachen Anlagen brauchen nur wenig Elektronik – im Gegenteil: Dank ihrer Relais sind sie besonders wartungsfreundlich und einfach zu reparieren. Im Fall einer Panne sieht nämlich der Servicetechniker sofort, welches Relais «hängt», und kann es mit einfachsten Mitteln in kurzer Zeit auswechseln. Läge der Fehler in einer elektronischen Komponente, müsste er diese durch Diagnoseprogramme zuerst identifizieren. Deshalb werden Relais-Stellwerke noch lange im Betrieb bleiben.

Dies freilich unter der Voraussetzung, dass sie auch dauernd gepflegt werden. Denn im Unterschied zu elektronischen Schaltelementen unterliegen Relais der mechanischen Abnützung und vor allem der Verschmutzung. Mit der Zeit sammelt sich auf den Kontakten feiner Staub an, was zu Funktionsstörungen führen kann. Für diesen Fall verfügen die Bahnen über Reserve-Relaissätze, mit denen sich viele Probleme rasch und zumindest provisorisch lösen lassen. Die meisten Bahnen schicken ihre Relais jedoch prophylaktisch alle 10 bis 15 Jahre zum Service in einen kleinen Siemens-Betrieb im Waadtländer Dorf Roche. Dort werden pro Jahr – ganz wie in den Vor-Computer-Zeiten – 12000 bis 18000 Relais neu gebaut, 5000 bis 10000 umgebaut sowie im Durchschnitt 1000 Relaissätze zu je durchschnittlich 25 Relais revidiert und deren 250 repariert.

Dies lohnt sich, weil Relais extrem robust sind. Ihre Lebensdauer beträgt um die 60 Jahre, die Abschreibungsdauer bei den meisten Bahnen etwa 40 Jahre. Zum Vergleich: Elektronische Stellwerke müssen in der Regel nach rund 25 Jahren erneuert werden, weil technisch überholte Komponenten nicht mehr lieferbar sind und deren Nachbau – im Unterschied zum Nachbau von Relais – nicht immer möglich ist.

Vorteile von Relais-Stellwerken	Nachteile von Relais-Stellwerken
Sehr lange Lebensdauer	Änderungen erfordern Umbau (statt Programm-Anpassung) im laufenden Betrieb
Fehler sind leicht eruierbar (oft sogar sichtbar)	Braucht mehr Platz als elektronisches Stellwerk
Reparaturfreundlich (Elektriker statt Elektroniker)	Anfällig für Verschmutzung
Auch für sehr kleine Anwendungen geeignet	Wenig Potenzial für Weiterentwicklungen
Geringer Stromverbrauch	Keine Prüfung im Labor möglich
Kein Software-Update nötig	

Elektronische Stellwerke

Die elektromechanischen Relais-Stellwerke werden uns also bestimmt noch viele Jahre lang treu begleiten, aber die Zukunft gehört der Elektronik. Moderne Stellwerke arbeiten vollelektronisch: die ganze Logik, die in der ersten Generation im Verschlussregister und später in Hunderten, ja Tausenden von Relais realisiert war, sitzt heute in der Software eines Computers. Ein elektronisches Stellwerk ist also genau genommen gar kein Stellwerk im landläufigen Sinn, sondern ein Computer. Der Unterschied zwischen dem Programm im Laptop eines Modelleisenbahners und der Software im Stellwerk des Gotthard-Basistunnels liegt nicht im Grundsätzlichen, sondern in der Skalierung, in der Funktionsviel-

«Eingeweide» eines elektronischen Stellwerks.

falt und in der Sicherheit. Es ist wie bei einer Buchhaltung: die eines kleinen Coiffeursalons macht das gleiche wie die einer Grossbank, aber auf anderem Niveau. Bei der Bank geht es um grössere Zahlen, komplexere Prozesse und Abhängigkeiten, und das System ist besser gesichert gegen technische Störungen, Fehlbedienung, Stromausfall, Feuer, Hackerangriffe und was der Gefahren mehr sind.

Damit ist erklärt, warum sich ein elektronisches Stellwerk kaum mit einem Stellwerk der vorangegangenen Generationen vergleichen lässt. Zwar übt es die gleichen Funktionen aus, indem es in einem bestimmten Bereich die Weichen und Signale so stellt und überwacht, dass sichere Fahrstrassen entstehen und geschützt werden. Bedient wird es aber in der Regel nicht an Ort und Stelle (ausser bei Nebenbahnen mit sehr wenig Verkehr oder im Rangierdienst), sondern automatisch oder durch Fernbedienung aus einer Leitstelle. Es ist wesentlich flexibler als ein Relais-Stellwerk, wenn es um die Anpassung an neue Umstände geht, weil neue Funktionen in der Regel keinen Umbau, sondern lediglich eine Modifikation der Software erfordern. Zudem lassen sich die Anpassungen vor der Inbetriebnahme eines neuen Stellwerks bereits im Labor vornehmen und prüfen, was unliebsame Überraschungen in der Nacht der Inbetriebnahme verhindert.

Andererseits verbraucht ein elektronisches Stellwerk mehr Energie als eines mit Relais-Technik, denn ähnlich wie ein PC in einem Grossraumbüro ist es durchgehend in Betrieb, während ein elektrisches nur in den kurzen Momenten der eigentlichen Schaltvorgänge einen hohen Energiebedarf hat. Dazu kommt die Schnelllebigkeit der Computertechnik: Ein elektronisches Stellwerk muss in der Regel nach rund 25 Jahren

Systemvielfalt oder Tabula rasa?

In der Schweiz beherrschen Siemens und Thales – in dieser Reihenfolge – den Markt für Stellwerke und Leittechnik. Die SBB als weitaus grösste Kundin bemühen sich, im Rahmen der durch die Ausschreibungsvorschriften gesetzten Grenzen soweit als möglich beide Lieferanten zu berücksichtigen. Das hat den Vorteil, dass bei jeder Ausschreibung eine Konkurrenzsituation entsteht und beide Lieferanten dauernd unter Leistungs- und Preisdruck stehen. Der Nachteil ist, dass die beiden technischen Systeme nicht immer perfekt harmonieren. Auf wichtigen SBB-Strecken wie Bern–Lausanne, wo sich Siemens- und Thales-Stellwerke abwechseln, erschwert dies wegen der Vielfalt der entstehenden Schnittstellen die Modernisierung und die Umstellung auf ETCS (siehe Seite 84). Bis 2018 wurden sämtliche Streckenaufrüstungen zu ETCS Level 2 von Thales geliefert. Ab 2018 kam auch Siemens zum Zug, erstmals mit der Hauptstrecke im Rhonetal. Dänemark und Norwegen verfolgen diesbezüglich einen anderen Weg; beide Länder sind im Begriff, ihr Hauptnetz – rund 3000 km in Dänemark, 4000 km in Norwegen – in einem grossen Schritt vollständig auf ein einziges ETCS-System umzustellen. Dadurch verschwindet zwar die Konkurrenz zwischen zwei Anbietern, aber die beiden Länder werden bald ein technisch einheitlich ausgerüstetes Netz haben, vom Achszähler bis zu den Zentralcomputern alles aus einer Hand. Das heisst: keine Schnittstellenprobleme, kein technischer Flickenteppich, kein «Hin-und-her-Schieben» der Verantwortung zwischen mehreren beteiligten Lieferanten. Und die Wahrscheinlichkeit, dass sich zwei Computer nicht verstehen, wird auf annähernd null sinken.

erneuert werden, weil technisch überholte Komponenten wie spezielle Mikroprozessoren usw. nicht mehr lieferbar sind und deren Nachbau – im Unterschied zum Nachbau von Relais – nicht möglich ist. Ein Domino-Stellwerk der jüngsten Generation gilt unter Fachleuten als ebenso unverwüstlich wie ein alter VW-Käfer; die durchschnittliche Lebensdauer liegt zwischen 50 und 60 Jahren. Da nimmt manch eine Bahn gerne in Kauf, dass es etwas mühsamer zum Anpassen ist als seine moderneren Artgenossen, zumal es sich ebenso gut von einem modernen Leitsystem aus fernsteuern lässt wie jene.

Das sind die sachlichen, messbaren Kriterien für den Vergleich verschiedener Stellwerk-Generationen. Manchmal geben jedoch auch ganz andere Überlegungen den Ausschlag für oder gegen die eine oder andere Technik. Dazu zwei Beispiele:

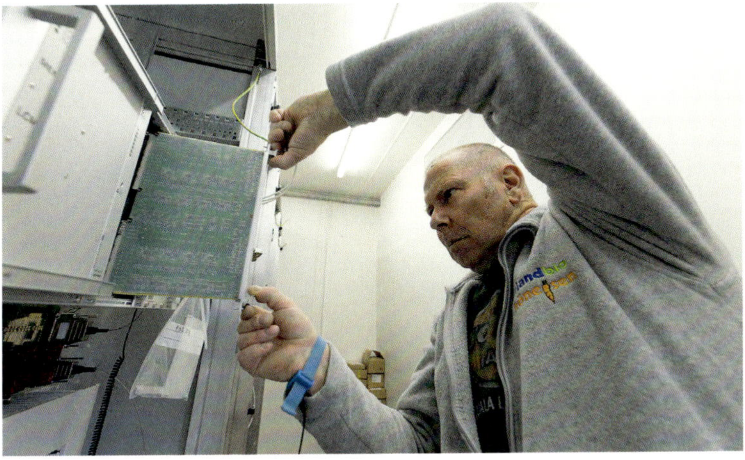

Elektronische Baugruppen lassen sich als Ganzes rasch auswechseln.

In Zürich Oerlikon kam es zwischen 2010 und 2016 im Zusammenhang mit dem Bau der neuen Durchmesserlinie zum Hautbahnhof zu einem umfassenden Umbau der Gleisanlagen. Das bestehende Relais-Stellwerk des Typs Domino war erst rund 20 Jahre alt, ein Umbau mit gleichzeitiger Versetzung hätte sich also gelohnt. Dennoch errichteten die SBB ein völlig neues elektronisches Stellwerk – nicht um irgendetwas zu verbessern, sondern hauptsächlich um das Umbaurisiko zu vermindern. Das neue Stellwerk konnte in aller Ruhe aufgebaut, getestet und dann in einer Nacht in den Betrieb übergeführt werden. Ein Umzug des Relais-Stellwerkes hätte einen schrittweisen Abbau und Neuaufbau mit zahlreichen Testphasen und entsprechenden Risiken mit sich gebracht. Angesichts der wichtigen Stellung des Bahnhofs Zürich Oerlikon im schweizerischen Bahnnetz wollten sich die Bundesbahnen nicht auf die Äste hinauswagen und entschieden sich für die zusätzliche Investition.

Ein ganz anderer, ebenso ungewöhnlicher Grund führte dazu, dass sich die Schweizerische Südostbahn beim Neubau des Bahnhofs von Mogelsberg weder für das bisherige noch für ein neues Stellwerk entschied, sondern – für die Verwendung eines schon vorhandenen! Es zeigte sich nämlich, dass das elektronische Stellwerk im benachbarten Bahnhof von Brunnadern-Neckertal dermassen viel freie Kapazität aufwies, dass man den Bahnhof von Mogelsberg problemlos auch noch anschliessen konnte. Einmal mehr wirkte sich die enorme Flexibilität der Elektronik segensreich aus – diesmal jedoch in einer Weise, welche die Experten nicht geplant hatten: Der grössere Bahnhof ist bezüglich Sicherung eine Filiale des kleineren ...

Stellwerk-Generationen

Generation	Typ	Ab ca.	Funktion	Max. Distanz*	Bauart, Technik	Lebensdauer
1	Kein Stellwerk		Muskelkraft	---	---	---
2	Mechanisch	1840	Mechanisch mit Verschlussregister	Im Bahnhof	Turm, Hebel, Kurbeln, Drahtzug	obsolet
3	Elektromechanisch	1900	Elektromechanisch (Stellmotoren) mit Verschluss register	6 bis 7 km	Turm, Schalter, Drahtzug	obsolet
4	Elektrisch	1935	Vollelektrisch (Relais, Stellmotoren)	6 bis 7 km	Gleisbild-Stelltisch, Kabel	›50 Jahre
5	Elektronisch	1990	Elektronisch, Stellmotoren	Theoretisch unbegrenzt	Computer, Kabel, Glasfaser	25 Jahre

* Zwischen Stellwerk und kontrollierter Anlage (Weiche, Signal usw).

So unterschiedlich sich die Stellwerke verschiedener Bauarten und Generationen präsentieren, im Grunde haben sie alle die gleiche Funktion: Sie sind die Schnittstelle zwischen den Aussenanlagen und jener Instanz, welche den Verkehr lenkt und organisiert. Letztere waren in den Urzeiten die Stationsbeamten, später die Zugverkehrsleiter in den einzelnen Bahnhöfen, und heute sind es die Computersysteme in den zentralen Leitstellen bzw. die Spezialisten, die diese bedienen und überwachen.

Im komplizierten Eisenbahnnetz der Schweiz gibt es eine riesige Zahl solcher Schnittstellen: Allein die SBB betreiben nahezu 550 Stellwerke, und diese kontrollieren gegen 70 000 Aussenanlagenelemente, davon etwa 26 000 Signale, über 12 000 ferngesteuerte Weichen (dazu kommen noch gut 2000 handbediente), rund 800 Bahnübergänge und 30 000 Gleisfreimeldeabschnitte.

ben: Punkto Sicherheit sind alle Züge gleichberechtigt, schnelle wie langsame ...
nten: ... und alle finden ihren Platz.

Leittechnik, Betriebszentrale

Sorgen die einzelnen Stellwerke für freie Fahrt auf gesicherten Fahrstrassen innerhalb des Bahnhofs und der angrenzenden Strecken, so obliegt den Leitstellen die Fernsteuerung mehrerer Stellwerke sowie die Überwachung und Steuerung des Betriebs auf grösseren Bereichen des Netzes. So tritt moderne Technik an die Stelle des traditionellen Stationspersonals, verkörpert durch den ikonischen Stationsvorstand mit roter Mütze, Trillerpfeife und Signalkelle. Ermöglicht haben diesen Entwicklungsschritt einerseits technische Neuerungen wie standardisierte Züge mit automatisch schliessenden Türen und die Elimination von Gleisüberquerungen durch den Bau von Personenunterführungen auf den Bahnhöfen, zur Hauptsache jedoch die Tatsache, dass mittlerweile die meisten Stellwerke fernsteuerbar sind.

Moderne Leitsysteme mit unterschiedlicher Funktionsweise werden von verschiedenen Herstellern angeboten. In der Schweiz hat sich – kaum überraschend angesichts des hohen Marktanteils dieser Firma bei den Stellwerken – das System Iltis von Siemens weitgehend durchgesetzt, sodass dessen Name in der Schweiz praktisch als Gattungsbegriff für alle Leitsysteme verwendet wird. Ein alternatives System wird im Kasten auf Seite 125 präsentiert.

Iltis steht für «Integriertes Leit- und Informationssystem». Das System steuert und überwacht auf einem grösseren, durchgehend mit fernsteuerbaren Stellwerken ausgerüsteten Streckenbereich (z.B. Bern–Biel oder St. Gallen–Sargans) den gesamten planmässigen Zugverkehr –, und zwar weitgehend selbstständig, solange keine ausserordentlichen Vorkommnisse eintreten. In Ausnahmesituationen greift ein Zugverkehrsleiter ein, nötigenfalls nach Absprache mit den Kollegen der Disposition (siehe unten).

Die Idee ist, die Zugverkehrsleiter so weit als möglich von Routinearbeiten zu entlasten. Das Leitsystem kennt den Fahrplan ebenso wie die Position sämtlicher auf der Strecke befindlichen Züge. Mehrere angeschlossene Stellwerke bilden eine Zelle, die vom Leitsystem weitgehend selbstständig gesteuert und von einem an einem Monitor sitzenden Zugverkehrsleiter betreut wird.

Ordnung im Gleisfeld – ferngesteuert.

Damit ist gesagt, dass die Leitstelle im Normalfall, d.h. ausser bei Eingriffen im Falle von Störungen, keine direkten Sicherheitsfunktionen ausübt, ebenso wenig die weiter unten behandelten Instanzen auf der Ebene der Betriebszentrale. Die Verhinderung von Unfällen ist grundsätzlich Sache der Stellwerke. Bei einer einspurigen Strecke kann es jedoch vorkommen, dass der Mensch dem Leitsystem «helfen» muss, z.B. wenn sich zwei Züge theoretisch auf offener Strecke begegnen würden. Normalerweise wird dies schon durch den Fahrplan verhindert, aber bei Verspätungen oder mit Sonderzügen ist es möglich. Ohne menschlichen Eingriff würde in diesem Fall der fragliche Streckenabschnitt jenem Zug zugehalten, der ihn als Erster belegt. Der entgegenkommende Zug müsste dann in der letzten Station vor dem kritischen Streckenabschnitt auf die Zugskreuzung warten. In Wirklichkeit wird der Zugverkehrsleiter eingreifen und die Kreuzung so verschieben, dass der eine, betrieblich «weniger wichtige» Zug den anderen abwartet, auch wenn er eigentlich zuerst «an der Reihe» wäre.

Dank dieser Technik kommen sogar mittelgrosse Bahnen wie die BLS, die Südostbahn oder die Rhätische Bahn im Prinzip mit einer einzigen Leitstelle aus. In Wirklichkeit sind es zumeist deren zwei (oder eine, die auf zwei Standorte aufgeteilt ist – siehe Seite 120); es braucht eine Reserve-Infrastruktur, soll nicht eine einzige Computerpanne den ganzen Verkehr lahmlegen können. Dann wäre nämlich der Zugverkehrsleiter zum manuellen Eingreifen gezwungen, wodurch die Fehlergefahr steigt und die Sicherheit sinkt.

Betriebszentralen: zentralisiert und automatisiert

Ganz zuoberst in der Hierarchie der Zuglenkung steht die Betriebszentrale (BZ); sie hat ausschliesslich Managementfunktionen, dies allerdings auf höchster Ebene. In der Schweiz betreiben die SBB als grösste Bahnunternehmung vier Betriebszentralen, nämlich je eine in Olten, Lausanne, Zürich Flughafen und Pollegio (an der Gotthardlinie). Von diesen Betriebszentralen aus werden insgesamt 37 regionale Iltis-Zellen mit total 506 Stellwerken ferngesteuert. Dazu kommt eine vergleichbare Zentrale der BLS in Spiez. Alle fünf Anlagen sind so ausgestattet, dass jede von ihnen im Notfall die Funktionen jeder anderen übernehmen kann. Bis 2026 soll dieses System voll funktionstüchtig sein. Die Standorte und die Funktionen der Zentralen sind in der folgenden Tabelle zusammengefasst.

Betriebsleitzentrale	Gebiet	Leitsystem-Zellen	Bahnhöfe	Weichen	Signale
Olten	Zwischen Basel, Bern, Brugg und Luzern, inkl. Zulaufstrecken zu Gotthard und Lötschberg	7	214	2850	3050
Lausanne	Westlich davon	7	192	2500	2828
Zürich-Flughafen	Östlich davon	16	325	5335	11751
Pollegio	Gotthard ab Arth-Goldau und Tessin	5	44	1714	1654
Spiez	BLS-Netz inkl. Lötschberg ab Thun und Brig	7	132	865	2547

Eine Betriebszentrale der SBB ist eine eindrückliche Anlage, funktional jedoch nichts anderes als der konzentrierte Standort für Kopien der bisher verwendeten Leitstellen, ergänzt durch zusätzliche Informations- und Managementsysteme. Die «Originale» der Leitstellen und die Stellwerke selbst verbleiben an den bisherigen Standorten, und die Steuerbefehle für Weichen, Signale usw. laufen wie gewohnt über die bestehenden Leitungen. Der Vorteil des neuen Konzepts besteht darin, dass alle Zugverkehrsleiter und Disponenten einer grossen Region im gleichen Raum arbeiten. Dies erleichtert im Falle grösserer Störungen die Zusammenarbeit hinsichtlich Disposition, Operation und Kundeninformation, zumal alle auf die Daten und Dienste der übergeordneten Informations- und Managementsysteme zugreifen können. Zu diesen

Elektronik erleichtert die menschliche Kommunikation,
aber sie ersetzt diese nicht.

gehört das Railway Control System bzw. RCS als «Gehirn» ebenso wie zudienende Systeme, etwa das Kundeninformationssystem (KIS) oder das System für die Adaptive Lenkung (ADL).

Während die über das Land verteilten und an die Betriebszentrale angeschlossenen Iltis-Zellen permanent den Stand der Dinge bezüglich Betriebsablauf und Sicherheit rapportieren – wie wir gesehen haben bis hinunter zur Position aller Züge, zur Stellung von Weichen und Signalen usw. –, leisten die zudienenden Systeme KIS und ADL wertvolle Ergänzungsarbeit auf nationaler Ebene:

- Das Kundeninformationssystem (KIS) verarbeitet die angelieferten Verkehrsdaten zu Informationen, die für das Betriebspersonal wie auch für das Reisepublikum wichtig sind. Verspätungen über einer Schwelle von aktuell 3 Minuten lösen an den betroffenen Bahnhöfen eine zuvor aufgezeichnete Lautsprecheransage aus. Parallel dazu fliesst die Information in den nationalen Online-Fahrplan, der sowohl internen Zwecken wie auch dem Personal und dem Publikum als Informationsquelle dient. Und last but not least geht jede Verspätungsmeldung direkt an das RCS, welches nun seinerseits Lösungen sucht und den im Betriebszentrum arbeitenden Zugverkehrsleitern zur Auswahl vorlegt. Die Reaktion auf eine Verspätung kann sein, einen Anschlusszug abzuwarten – oder im Gegenteil den Anschluss zu brechen, wenn die unmittelbaren Folgen (lies: die Verspätung für die direkt betroffenen Passagiere) weniger gravierend sind als der «Rattenschwanz» von Problemen, der sich unter

Störungs-und Verspätungsmeldungen (im roten Feld) werden vom Kunden-Informationssystem (KIS) automatisch erzeugt.

Umständen dann bildet, wenn ein Zug nach dem Abwarten eines Anschlusses seinerseits eine Verspätung erleidet, die ihrerseits im weiteren Verlauf des Tages zu noch grösseren Problemen führen kann. Dazu gehören nicht nur verpasste Anschlüsse in grosser Zahl, sondern ebenso gestörte Zugumläufe, Probleme mit den Dienst- bzw. Ruhezeiten des Personals und Ähnliches.

Die zuletzt genannten Kriterien gehören in die Kategorie «**Disposition**». Hier geht es darum, die Mitarbeiter so einzusetzen, dass sie zu genügend Schlaf kommen – und die Fahrzeuge so, dass sie am folgenden Morgen wieder am richtigen Ort einsatzbereit sind. Beides ist nicht ganz einfach, denn die Menschen brauchen ausser Schlaf auch Ferien, Zeit für Weiterbildungskurse und Ähnliches. Die Fahrzeuge müssen in gewissen Zeitabständen in die Werkstatt, dort müssen die erforderlichen Spezialisten mitsamt dem benötigten Material bereit sein, und, und, und ... Schon die Führung eines Busbetriebes mit 50 Angestellten erfordert einiges an Planung; bei einem Riesenbetrieb wie den SBB geht es nicht ohne Computer-Unterstützung.

- Das System für die Adaptive Lenkung (ADL) ist ein weiterer Nutzniesser der aus der Fläche gelieferten Informationen. Hier geht es um die Optimierung der Fahrgeschwindigkeiten. Die im Dienstfahrplan vorgesehenen Geschwindigkeiten können reduziert werden, wenn dies den Verkehrsfluss verbessert. Auch die Verzögerung einer Abfahrt um eine Minute kann sinnvoll sein, wenn dies dazu führt,

Ehemalige Leitzentrale im Stellwerk des Zürcher Hauptbahnhofs.

dass der betreffende Zug nicht auf einen anderen, verspäteten aufläuft und bremsen muss. Ein ruhiger, konstanter Fahrtverlauf spart auch bei der Eisenbahn Energie und Geld – nicht nur auf der Strasse! Bei der intensiv, teilweise im Zweiminutentakt mit 200 km/h befahrenen Schnellfahrstrecke Mattstetten–Rothrist hilft das System den Lokführern, möglichst präzis, im Idealfall auf die Sekunde und auf den Stundenkilometer genau, in den dichten und schnellen Verkehr «einzufädeln». Nur so lässt sich die theoretische Kapazität der Strecke auch in der Praxis voll nutzen. ADL hilft dabei mit frühzeitigen Geschwindigkeitsvorschlägen.

Die erwähnten Systeme sind Hilfsmittel für die Zugverkehrsleiter; die tatsächlichen Entscheide werden von Letzteren gefällt, und zwar auf der Basis der Computer-Vorschläge, angereichert durch individuelle Fachkenntnis, Erfahrung und immer auch eine Dosis Gefühl.

Auch bei den Leitstellen: Ausfallsicherheit so gut wie total

Betriebszentralen mit diesem enormen Funktionsumfang betreiben (und benötigen) in der Schweiz nur die grossen Bahnen SBB und BLS, Letztere vor allem wegen des intensiven internationalen Güterverkehrs auf der Lötschberglinie. Bezüglich Zuverlässigkeit bzw. Ausfallsicherheit können jedoch auch die einfacheren Leitsysteme mithalten.

Im Interesse der Verfügbarkeit werden sämtliche Iltis-Zellen der SBB redundant gebaut. Für jede Zelle läuft also eine Reservezelle an einem anderen Standort parallel mit. Sollte ein Standort total ausfallen (etwa durch einen Stromausfall, einen Grossbrand oder ein an-

Mit 130 km/h an der «langen Leine» der Betriebszentrale unterwegs.

deres katastrophales Ereignis), übernimmt die Reservezelle dessen Aufgaben.

Das Problem ist, dass in diesem Fall die am Hauptstandort der Zelle verarbeiteten Prozessdaten, wie z.B. der aktualisierte Fahrplan (mit Verspätungen, aussergewöhnlichen Kreuzungen usw.), verloren gehen; für diese Sonderfälle wird keine Sicherheitskopie geführt. Die Daten müssten somit manuell neu eingegeben werden, was vor allem bei grösseren Regionen mit vielen Zellen schwierig werden kann.

Mit dem sogenannten Halbzellenkonzept, das bei Erscheinen dieses Buches bei der BLS erprobt wird und ab 2019/2020 eingeführt werden soll, entfällt dieser Mangel dank einer im Prinzip einfachen, in der Realität aber komplexen Modifikation der Systemarchitektur. In einem Satz: Es werden künftig keine Reservezellen mehr betrieben, sondern die Hauptzellen werden geteilt und je hälftig an unterschiedlichen Standorten installiert.

Ein zugegebenermassen unrealistischer, aber leicht verständlicher Vergleich mit der Biologie verdeutlicht das Konzept. Wir nehmen an, dass die Haupt- und ihre Reservezelle (also die heutige Konstellation) eineiige Zwillinge seien: Sie haben die gleichen Fähigkeiten, denselben Charakter und dank identischer Schulbildung auch genau das gleiche Wissen. Aber sie haben nicht die gleiche Kurzzeiterfahrung und können sich deshalb nicht absolut identisch verhalten. Die Halbzelle hingegen ist die Hälfte der Hauptzelle und verhält sich zu dieser wie ein Klon, also immer absolut identisch – auch im Betrieb, auch bei der Speicherung und Bearbeitung von Prozessdaten.

Systemtechnisch bilden die beiden eine Einheit, auf zwei Standorte verteilt. Bei einer katastrophalen Störung läuft der Bahnbetrieb ganz normal weiter, einzig die Redundanz fällt weg. Im Falle der BLS wäre dies insbesondere dann von grossem Nutzen, wenn eine solche Störung den Lötschberg-Basistunnel betreffen würde. Derzeit käme es beim Ausfall der betreffenden Iltis-Zelle zum Stopp aller betroffenen Züge, zum Neustart des Systems von der Ersatzanlage aus und zur gestaffelten Wiederaufnahme des Betriebs. Mit der Halbzellen-Architektur werden sämtliche Züge regulär weiterfahren.

Alltag bei RhB Landquart

Die Rhätische Bahn (RhB) betreibt ein 384 km langes Meterspurnetz mit 102 Haltestellen im Kanton Graubünden. Mit Ausnahme des Abschnitts zwischen Chur und Reichenau (rund 10 km) ist das Netz durchgehend einspurig. Kreuzungsmanöver sind, abgesehen vom Doppelspurabschnitt, an insgesamt 105 Stellen möglich, nämlich an den Haltepunkten sowie an drei Kreuzungsstellen auf freier Strecke, von denen eine in der Mitte des 19 km langen Vereinatunnels liegt. Die Sicherung des Verkehrs erfolgt durch Domino- sowie durch elektronische Stellwerke, die Zugleitung durch ein redundant ausgelegtes Iltis-System mit Standorten (Rail Control Centers) in Landquart und Klosters, die im Normalfall je einen Teil des Gesamtnetzes betreuen.

Knapp die Hälfte der Haltepunkte wird dauernd oder zeitweise nur auf Verlangen bedient, das heisst: die Züge durchfahren sie, sofern nicht in der Station oder im Zug von einem Fahrgast ein Halt angefordert

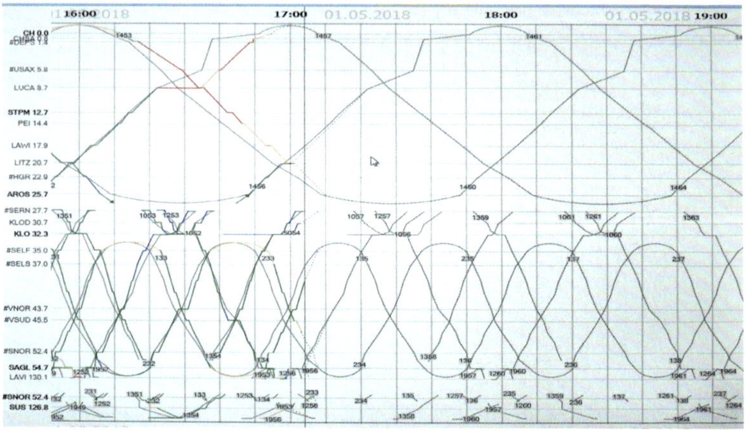

Nur für Laien verwirrend: Grafische Darstellung des Betriebablaufs in der Leitstelle. Senkrecht: Streckenverlauf, waagrecht: Zeitablauf.

es einsehbar, Probleme frühzeitig erkannt, Anschlüsse gesichert:
gverkehrsleiter am Arbeitsplatz.

wurde. Die Konsequenz sind stark unterschiedliche Brutto-Fahrzeiten je nach Tageszeit, Saison (mit oder ohne Ausflugsverkehr), Wetter und anderen Faktoren. Vorzeitige Abfahrten im Sinne des publizierten kommerziellen Fahrplans sind unzulässig und werden gegebenenfalls vom Leitsystem durch einen «erzwungenen» Halt automatisch verhindert. In diesem Fall hält der Zug also, obwohl klar ist, dass niemand ein- oder aussteigen will. Umgekehrt lässt sich der Fahrplan bei Verspätungen, wie sie sich bei starkem Andrang durch Ferienreisende mit Gepäck oder Skiausrüstung zwangsläufig ergeben, oft nur durch die Verlegung von Zugkreuzungen aufrechterhalten. Dann sind die **Zugverkehrsleiter** in den Leitstellen gefordert. Das RCC der RhB in Landquart ist deshalb im Vergleich zu Leitzentralen anderer Bahnen auffallend stark besetzt und aktiv. Die Mitarbeiter sind zu einem grossen Teil mit der Verlegung von Kreuzungen beschäftigt. Ein Zug von Davos nach Chur bedient 20 Haltestellen, davon je nach Saison bis zu 14 mit Halt auf Verlangen. Wenn man bedenkt, dass das gleiche Gleis auch dem Verkehr in der jeweiligen Gegenrichtung dient, erschliesst sich die Komplexität der Situation. Dabei liegt die Herausforderung weniger bei der Situation auf der Strecke als vielmehr in Landquart, wo Anschluss an die SBB-Züge Richtung Zürich besteht – bzw. bestehen sollte.

Bis zu 3 Minuten warten die SBB einen Anschluss ohne Weiteres ab; was darüberliegt, muss zwischen den Zugverkehrsleitern der beiden Bahnen abgesprochen werden, wobei es nicht nur die Interessen der Fahrgäste und der RhB, sondern auch jene der SBB zu berücksichtigen gilt. Denn auch sie müssen dafür sorgen, dass der Schnellzug nicht später in Zürich die Anschlüsse in den Rest der Schweiz verpasst.

Ein dermassen komplexes Einspurnetz wie jenes der RhB mit einem so dichten Fahrplan und so ausgeprägten, kaum berechenbaren Verkehrsspitzen pünktlich zu betreiben, wäre ohne die Unterstützung eines computergesteuerten Leitsystems gar nicht möglich. Aber auch die Computer alleine wären dazu nicht imstande. Es braucht Zugverkehrsleiter, die mit Erfahrung und Fingerspitzengefühl den Taktstock schwingen und das Letzte aus dem vorhandenen Streckennetz herausholen. Dabei sind die Prioritäten klar: Zuerst kommt die Sicherheit. Dafür sorgen die Stellwerke und Iltis, indem sie unsichere Anweisungen gar nicht erst entgegennehmen. An zweiter Stelle folgt der **Fahrplan**, und zwar nicht nur aus der Perspektive der Gegenwart, sondern auch mit Blick auf die folgenden Stunden; denn auch die nachfolgenden Einsätze der betroffenen Züge sollen ja pünktlich sein. Und schliesslich sollte das System, wenn schon einmal ein Anschluss verloren geht, so gesteuert werden, dass möglichst wenig Reisende davon betroffen sind.

Bahnsicherung bei RBS

Der Regionalverkehr Bern-Solothurn (RBS) ist eines der grössten Nahverkehrsunternehmen der Schweiz. Er betreibt 19 Bus- und vier meterspurige Bahnlinien, letztere allein mit 18,6 Millionen Fahrgästen pro Jahr. Einmalig am RBS ist die Verkehrsdichte: Zwischen dem Endpunkt des Netzes im Untergrund des Berner Hauptbahnhofs und Worblaufen, dem betrieblichen Zentrum der Bahn, verlaufen alle vier Linien auf der gleichen Doppelspur. Hier folgen sich die Züge zu den Spitzenzeiten mit 75 km/h im Zeitabstand von 75 Sekunden – mehr als 500 Züge pro Tag! Das sind Werte, die man sonst nur von grossen U-Bahn-Systemen kennt.

In Sachen Bahnsicherung geht das Unternehmen einen ungewöhnlichen Weg. Gemeinsam mit den ebenfalls meterspurigen Vorortsbahnen WSB (Wynental-Suhrental-Bahn, Aarau) und Forchbahn (Zürich) setzt es nicht ausschliesslich auf punktförmige Zugbeeinflussung mit Balisen als «Wegmarken», sondern auf Linienzugbeeinflussung (LZB). In der Gleismitte verläuft ein Antennenkabel, der sogenannte Linienleiter, über den die Fahrzeuge permanent mit der Leitstelle in Kontakt sind. Grundlage der Zugbeeinflussung ist im Übrigen das System ZSL90, ähnlich der Linienzugbeeinflussung der Deutschen Bahn.

Die Besonderheit ist, dass das Fahrzeug dank des Linienleiters jederzeit seinen genauen Standort kennt und kontinuierlich über den Zustand der sicherheitsrelevanten Anlagen wie Signale, Bahnübergänge usw. informiert ist. Dies erlaubt es dem Bordrechner, permanent die jeweils gültige **Bremskurve** zu bestimmen und diese sofort

Linienleiter

den neuen Verhältnissen anzupassen. Dies ist zum Beispiel dann von Nutzen, wenn ein zuvor Halt zeigendes Signal auf freie Fahrt wechselt, noch bevor es vom Zug aus zu sehen ist. Selbst in diesem Fall kann der Lokomotivführer jederzeit mit der aktuell gerade optimalen Geschwindigkeit fahren. Der Nachteil dieses Systems ist, dass bei Änderungen am Schienennetz (z.B. neuer Doppelspurabschnitt) sämtliche Fahrzeuge bzw. deren Bordcomputer mit den neuen Daten «gefüttert» werden müssen.

Das System ist einfach, auch dem Rangierbetrieb gewachsen, bewährt und ist u.a. auf der modernen Flughafen-Zubringerbahn der malaysischen Hauptstadt Kuala Lumpur im Einsatz. In Deutschland bilden Linienleiter – freilich mit einem anderen technischen System im Hintergrund – seit langer Zeit das Rückgrat der Zugbeeinflussung auf den Schnellfahrstrecken.

Eine weitere Besonderheit des RBS und einiger weiterer Meterspurbahnen besteht in der Wahl des Leitsystems. Die meisten Schweizer Bahnen setzen auf das System Iltis mit seinem umfassenden Leistungsspektrum von der relativ einfachen Stellwerk-Fernbedienung bis hin zu komplexen Aufgaben wie Zuglaufverfolgung, Zuglenkung, Prognose des Verkehrsablaufs, Konflikterkennung und mehr. Dabei bewegt sich das System bezüglich Sicherheit in zwei Welten:

- Die Stellwerk-Fernsteuerung ist – ebenso wie das Stellwerk selber – in hohem Masse sicherheitskritisch. Fehler, die hier geschehen, können ganz direkt einen Unfall zur Folge haben.
- Alle übergeordneten, «intelligenten» Funktionen wie Zuglenkung, frühzeitige Konflikterkennung und Ähnliche haben dagegen Komfortcharakter; sie erleichtern die Feinsteuerung und Planung des Betriebs. Ein Systemausfall in diesem Bereich kann schlimmstenfalls zu einem Betriebsstillstand führen, ganz bestimmt jedoch nicht zu einem Unfall. Oder, wie die Fachleute sagen: Sie sind nicht sicherheitsrelevant.

Sicherheitsrelevante Anlagen unterliegen der Zulassungspflicht und verursachen einen hohen administrativen und finanziellen Aufwand für die verlangte Nachweisführung gegenüber der Aufsichtsbehörde. Sie sind dadurch relativ teuer. Bei Anlagen oder Komponenten, deren Versagen sich lediglich auf die Verfügbarkeit des Bahnbetriebs auswirken würde, entfällt dieser Aufwand, sofern keine logische oder funktionelle Verknüpfung mit sicherheitskritischen Komponenten besteht. Sie können somit günstiger gebaut und instandgehalten werden.

Die Monitore in der Leitstelle des RBS in allen möglichen Zuständen.

Im Lichte dieser Zusammenhänge entschieden sich die Verantwortlichen des RBS für eine Aufteilung der Funktionen auf Systeme verschiedener Hersteller, wobei sie die Grenze dort zogen, wo die Sicherheitsrelevanz aufhört und der «Komfortbereich» beginnt. Die Konsequenz ist, dass der Betrieb des RBS-Bahnnetzes heute durch Produkte dreier Lieferanten kontrolliert wird:

- Siemens liefert die sicherheitskritischen Stellwerke, und zwar Relais-Stellwerke des nicht mehr ganz jungen, aber robusten und bewährten Typs Domino 67. Dank ihrer Zuverlässigkeit sind sie bei kleineren Bahnen nach wie vor und wohl noch auf lange Zeit hinaus beliebt.

- Die junge Schweizer Firma Actemium LeitTec ist für die Fernsteuerung der Stellwerke zuständig, also ausschliesslich für den sicherheitskritischen Teil des Leitsystems.

- Die «Komfortfaktoren» wie Zuglenkung, Problemerkennung und Ähnliches obliegen einem Produkt des deutschen Anbieters PSI, welches von den beiden vorgenannten Teilsystemen völlig unabhängig ist. PSI produziert Leittechnik nicht nur für alle möglichen Arten von Verkehrsunternehmen, sondern auch für Stromversorger, Betreiber von Pipelines und so weiter.

Für den RBS mit seinem intensiven, aber strukturell einfachen und vom Rest des schweizerischen Verkehrssystems unabhängigen Betrieb erwies sich diese Lösung als optimal und gleichzeitig besonders kostengünstig.

Erneuerung, Obsoleszenz

Ganz zentrale Elemente der Bahnsicherung sind der Unterhalt und die Erneuerung der Anlagen – und selbstverständlich der Fahrzeuge, aber diese sind nicht unser Thema. Nichts hält ewig. Mechanische Komponenten wie Weichenantriebe unterliegen der Abnützung ebenso wie elektrische Bauelemente, letztere freilich weniger augenfällig. Kabelisolationen werden brüchig, Relaiskontakte sind allergisch auf Staub und Abbrand, Schalter geben nach einer gewissen Anzahl von Schaltvorgängen den Geist auf, chemische Substanzen zersetzen sich (wir denken an Schmierfett oder Kühlmittel), und wie jeder Laptop-Benutzer weiss, ist selbst die anscheinend so stabile Elektronik nicht gegen Alterung oder plötzliches «Unwohlsein» gefeit.

Und dann gibt es neben Alterung und Abnützung auch die sogenannte Obsoleszenz. Der Duden übersetzt das Wort mit «Veralterung» und meint damit zweierlei: Erstens den Umstand, dass gewisse Dinge nicht mehr (oder nur mit grosser Mühe) erhältlich sind, sei es wegen des technischen Fortschritts (Tonbandgeräte) oder wegen neuer Vorschriften, die ihre Verwendung verbieten (Glühlampen). Und zweitens sind jene Produkte «obsolet», die vom Hersteller nicht mehr produziert werden, weil er lieber etwas Neueres und Besseres (oder Teureres) verkaufen will. Beispiele sind Mobiltelefone sowie manche Software-Updates.

Bleiben wir zunächst beim Unterhalt. Eisenbahnen sind langlebige Produkte, weil sie wegen der hohen Sicherheitsanforderungen extrem robust gebaut sein müssen. Ein Relais-Stellwerk hält typischerweise etwa 60 Jahre, ein Achszähler etwa 25 Jahre und die Stromversorgung eines Aussenelements 15 Jahre. Bei bewegten Aussenelementen wie Weichen hängt die Lebensdauer von der Nutzung ab. Je mehr und schwerere Züge sie befahren und je häufiger sie umgelegt werden, desto rascher wird eine Erneuerung oder gar ein Ersatz der Weichen fällig. Dabei stellt sich die Frage nach dem richtigen Zeitpunkt: Zu spät wäre unter Umständen katastrophal, zu früh ist Geldverschwendung.

Mit diesem Dilemma gehen die Ingenieure der Bahn genau gleich um wie ein verantwortungs- und kostenbewusster Autobesitzer mit seinem Fahrzeug: Sie pflegen und beobachten das Objekt, merken sich die Trends und entscheiden auf der Basis von Wissen, Erfahrung, äusseren Umständen und Intuition über Reparatur oder Ersatz. Bezüglich des Wissens kommt ihnen die moderne Technik zu Hilfe. Der Stellmotor einer Weiche braucht Strom, das Umlegen und Verriegeln zudem Zeit. Beide Parameter werden von modernen Stellwerken ständig beobachtet und gespeichert. Steigt die Kurve immer steiler an, wird es Zeit für ernsthafte Massnahmen. Die übrigen Entscheidungskriterien sind zum Teil sachlicher Natur (Verkehrsentwicklung), zum Teil sind es Ermessensentscheide, wie z.B. die Einbettung in die langfristige Budgetstrategie.

Dieses Vorgehen gilt nicht nur für Weichen. Das A und O einer klugen, will heissen: sicheren und wirtschaftlichen Unterhalts- und Erneuerungsstrategie ist die Früherkennung von Trends. Viele Probleme kündigen sich ganz sanft an und nehmen zunächst unmerklich, dann immer rascher einen ernsthaften Charakter an. Je genauer man diesen Prozess verfolgt, desto geringer wird die Gefahr einer zu späten Reaktion. Ganz in diesem Sinne laufen beim Erscheinen dieses Buchs gross angelegte Versuche mit vollständig «gläsernen» Stellwerken in Bremen (Deutschland) und im Zürcher Vorbahnhof. Dort werden sämtliche Vorgänge bis hin zum letzten Mausklick kontinuierlich aufgezeichnet und statistisch ausgewertet. Die resultierende Datenmenge – «big data» im eigentlichen Wortsinn – soll dereinst helfen, Erneuerungen und Ersatzinvestitionen optimal zu organisieren, das heisst nicht zu früh, aber ohne jemals die «sichere Seite» zu verlassen oder die Verfügbarkeit zu senken.

Vielfach werden Erneuerungen zeitlich vorgezogen, weil sich im Rahmen einer grösseren Baumassnahme Effizienzgewinne erzielen lassen. Tatsächlich wäre es ja sinnlos, auf die eigentlich erst in drei Jahren fällige Erneuerung der Signale und Achszähler in einem Tunnel zu verzichten, wenn die Strecke wegen einer dringenden Gewölbesanierung ohnehin länger gesperrt ist.

Schliesslich ist noch ein weiteres Konfliktfeld zu erwähnen: die Unterschiede zwischen den Interessen der Bahngesellschaften und jenen ihrer Lieferanten. Sie zeigen sich beispielhaft bei der Festlegung der Intervalle zwischen den Inspektionen und Revisionen. Dabei verhält es sich letztlich genau gleich wie im Haushalt. Gemäss Gebrauchsanweisung sollte die neue Kaffeemaschine täglich geleert und gereinigt werden. Doch wer hält sich daran? Bei den Bahnen finden sich die Parteien zumeist im guten Geiste – vernünftigerweise, denn beide wollen ja letztlich das Gleiche: einen sicheren Betrieb mit hoher Verfügbarkeit und ein gegenseitiges Verhältnis, das eine weitere Zusammenarbeit ermöglicht. Um vom Bundesamt für Verkehr (BAV) die Typenzulassung

ben: Unterhalts- und Erneuerungsarbeiten erfolgen oft bei Nacht.
nten: Relais-Sätze für ältere Stellwerke werden vom Hersteller einbaufertig geliefert.

für eine Komponente zu erhalten, muss der Lieferant ein Wartungsintervall definieren. Handelt es sich um ein neues Produkt, so tendiert er dabei auf die «sichere Seite» (kurze Wartungsintervalle), da er die tatsächlichen Verhältnisse im Betrieb noch zu wenig kennt. Der Betreiber kann dann später, gestützt auf die tatsächlichen Erfahrungen sowie in Absprache mit dem Lieferanten und allenfalls der Aufsichtsbehörde, abweichende und meist längere Wartungsintervalle umsetzen, was die Betriebskosten senkt.

Ein weiteres Reizthema sind die Software-Updates. Genau wie Heimcomputer erfahren Stellwerke, Leitsysteme und andere elektronische Anlagen häufig Programmaktualisierungen. Vor allem für kleinere Bahnen sind die Kosten der Updates und der damit verbundene Arbeitsaufwand so hoch, dass sie zum Beispiel nur jede zweite Aktualisierung installieren. Damit verzichten sie allenfalls für eine gewisse Zeit auf eine meist geringfügige Zusatzfunktion, sparen aber viel Geld, was letztlich den Steuerzahlern zugutekommt.

Bei Obsoleszenz im eigentlichen Wortsinn geht es darum, dass Produkte oder Dienstleistungen aus dem Programm der Hersteller und Lieferanten wegfallen. Die Ursachen dafür sind vielfältig:

- Oft ist Marketingdenken der Treiber: Die Nachfrage nach einem Produkt sinkt; dadurch rentiert das Produkt für den Hersteller nicht mehr und wird deshalb aus dem Sortiment gekippt. Dies kann für eine Bahn zum Problem werden, wenn sie das Produkt gekauft hat und als kritische Komponente ihrer sicherheitstechnischen Ausrüstung einsetzt. Sie kann die entsprechende Anlage im besten Fall nicht erweitern, im schlimmsten Fall muss sie diese vorzeitig ersetzen.
- Mitunter kann der Lieferant ein Produkt nicht mehr herstellen, weil ein Unterlieferant ein Bauteil nicht mehr herstellt. Sobald Einzelteile wie ein einzelner Transistor oder ein spezieller Werkstoff für einen Relaiskontakt nicht mehr lieferbar sind, wird die gesamte Baugruppe oder sogar ein Gesamtsystem obsolet. Gegenüber den Herstellern von Computerchips und anderen kritischen Bauteilen geniesst die Eisenbahnindustrie als Kundin mit eher kleineren Stückzahlen nur eine geringe Marktmacht. Sie kann sich deshalb auch kaum wehren, wenn ein Chip-Lieferant das Lebensende eines Produkts ankündigt.

Last but not least stirbt mit der Zeit das Spezialisten-Know-how für ältere Produkte aus, denn die Studenten von heute lernen die aus ihrer Sicht vorsintflutliche Technik höchstens noch am Rande kennen. Dazu kommen Vorschriften und Gesetze speziell im Bereich sicherheitsrelevanter Anwendungen, die neue technische Lösungen verlangen, sowie viele weitere Auslöser. So kann der Lebenszyklus eines

Produkts vorzeitig und überraschend zu Ende gehen. Die «technische Lebensdauer», also die Zeit, in welcher das Produkt betrieben und repariert werden kann, wird schlagartig kürzer als die beim Kauf und bei der Kalkulation der Abschreibungen angenommene «Nutzungsdauer».

Solche Situationen sind für alle Beteiligten unangenehm. Das Ziel ist deshalb, sie so weit als möglich zu vermeiden. Kauf- oder Mietverträge enthalten deshalb meist Garantien für die Lieferfähigkeit während einer bestimmten Zeit oder während einer bestimmten Anzahl von Revisionszyklen (also z.B. während 20 Jahren, wenn eine Anlage alle 10 Jahre revidiert wird). Oft kaufen die Bahnen auch von kritischen Teilen einen eigenen Vorrat ein, oder sie verlangen vom Lieferanten die Garantie, dass sie im Falle eines Rückzugs die Rechte für den Nachbau des betreffenden Teils durch einen anderen Hersteller erlangen.

In der Praxis kommt es meist zu einer gütlichen Einigung. Diese ist umso leichter zu erzielen, je sorgfältiger der Hersteller mit dem Thema umgeht. Das Mindeste ist dabei die rechtzeitige Information der Kunden durch eine frühzeitige, sogenannte Abkündigung, soweit erforderlich verbunden mit technischer Unterstützung bezüglich Ersatzlösungen, Beschaffung von Reservematerial usw. Alle grossen Lieferanten betreiben hierfür unter dem Titel Obsoleszenzmanagement spezielle Abteilungen. Dort wird auch das Reparatur-Know-how mitsamt den entsprechenden Mitteln (Prüfgeräte, Software, Firmware, Arbeitsanweisungen usw.) gesichert und ein Archiv mit sämtlichen Dokumentationen, Um- und Rückbauplänen sowie Informationen für die Migration auf neue Systeme geführt.

Schliesslich pflegen die Bahnen die Selbsthilfe, indem sie beim Abbau von Anlagen kritische Teile aufbewahren und einander bei Bedarf gegenseitig aushelfen. Im Moment ist gerade eine bestimmte Computer-Netzwerkkarte für eine Fernsteuerung aus dem Jahre 1995 besonders gefragt. Keine einzige Bahnunternehmung, die diese Karte nicht mehr benötigt, wird sie in den Abfall schmeissen!

F13

Glossar

Achslast: Das maximale Gewicht, welches auf einem Radsatz lastet (Beispiel: Eine 80t schwere, vierachsige Lokomotive hat eine Achslast von 20t). Die Achslast bestimmt die maximal zulässige Geschwindigkeit eines Zuges aufgrund der Fahrbahneigenschaften.
Achszähler: Im Gleis montierte Einrichtung, welche an der Grenze eines Gleisabschnitts die ein- und ausfahrenden Räder zählt. Zwei Achszähler melden den zwischen ihnen liegenden Gleisabschnitt als frei oder belegt. Siehe Seite 57ff.
Anfangssignal: Signaltafel, von der an eine Anweisung (z.B. reduzierte Geschwindigkeit) beginnt. →Endsignal.
Backenschiene: Schiene, an der die Zunge einer →Weiche anliegt.
Bahnhof: Bereich, in welchem auch rangiert werden darf, definiert durch die Einfahrsignale. Zwischen zwei Bahnhöfen befindet sich die →Strecke.
Bahnübergang: Niveaugleiche Kreuzung von Bahngleis und Strasse. Siehe Seite 69ff.
Balise: →Eurobalise.
Baseline: Version der Software von →ETCS. Derzeit aktuell: Baseline 3.
Betriebszentrale: Ort, von welchem aus der Zugsverkehr auf dem Netz oder einem Teilnetz einer Bahn überwacht und gesteuert wird. Beinhaltet in der Regel auch die →Disposition.
Blockabschnitt: Technisch gesicherter und durch Signale markierter Gleisabschnitt auf der Strecke zwischen zwei Bahnhöfen, auf dem sich immer nur ein Zug gleichzeitig aufhalten darf. Voraussetzung für das Fahren im →Raumabstand.
Bremskurve: Diagramm, das die Geschwindigkeit eines bremsenden Zuges von der seit Beginn des Bremsvorgangs zurückgelegten Strecke darstellt. Bremskurven werden von modernen Zugbeeinflussungssystemen wie ETCS berechnet, um die Geschwindigkeit eines Zugs zu überwachen (siehe Seite 82).
Bremsweg, Bremsdistanz: Der vom Zug zurückgelegte Weg bis zur Erreichung einer tieferen Geschwindigkeit oder bis zum Stillstand. Abhängig von Höchst-

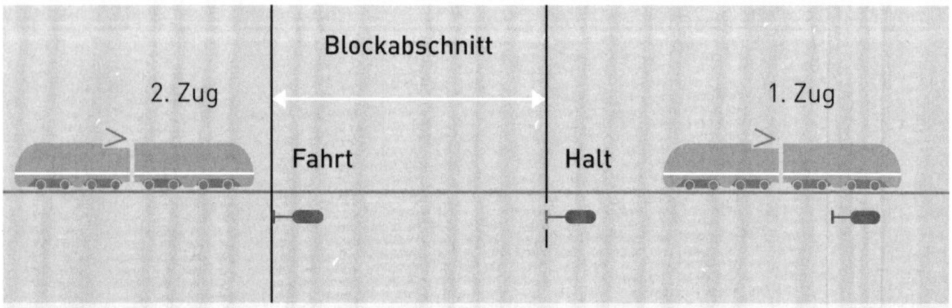

Prinzip des Blockabschnitts

Entgleisungsvorrichtung

geschwindigkeit, →Bremsverhältnis und Neigung der Strecke.

Bremsverhältnis: Die Wirksamkeit der Bremsen eines Fahrzeuges oder eines Zuges in Prozenten (%).

Disposition: Zeitliches und räumliches Zusammenbringen von richtigem Zug, Zugpersonal (Lokführer, Zugbegleitung) und Perron oder Rangiergleis.

Domino: Familie von Relais-Stellwerken des Herstellers Siemens.

Durchrutschweg: Sicherheitsbereich hinter einem Haltepunkt (z.B. Signal) für den Fall, dass das Bremsmanöver zu spät oder zu zögerlich erfolgt (etwa weil das Fahrzeug gleitet).

Elektra: Elektronische Stellwerkfamilie des Herstellers Thales.

Elektromechanisches Stellwerk: →Stellwerk.

Elektronisches Stellwerk: →Stellwerk.

Endsignal: Signaltafel, an der eine Anweisung (z.B. reduzierte Geschwindigkeit) endet. →Anfangssignal.

Entgleisung: Der Vorgang, wenn ein Eisenbahnfahrzeug das Gleis verlässt; typischer Eisenbahn-Unfall. Häufige Ursachen: Mängel am Gleis oder am Fahrzeug (bzw. dessen Ladung), überhöhte Geschwindigkeit, Kollisionen.

Entgleisungsvorrichtung: Einrichtung zum Schutz eines Gleises gegen →Flankenfahrten. Ein Fahrzeug wird dadurch bewusst zum Entgleisen gebracht, bevor es zur Gefahr wird.

ERTMS (European Rail Traffic Management System): Europäisches Projekt für ein einheitliches Zugsicherungs- und Managementsystem im Zugverkehr. Siehe →ETCS.

ETCS (European Train Control System): Vollelektronisches und europaweit standardisiertes System der Bahnsicherung. Teil von →ERTMS. Siehe auch Seite 84.

Eurobalisen (gelb)

Eurobalise: Im Gleis montierte Antenne mit Transponder für die Übertragung von →Telegrammen zwischen Strecke und Fahrzeug. Komponente von →ETCS.
Euroloop: Im Gleis montiertes Antennenkabel mit Transponder. Gewissermassen eine «in die Länge gezogene →Eurobalise» mit gleicher Funktion wie diese. Komponente von →ETCS.
Euro-Signum: Siehe Seite 85.
Euro-ZUB: Siehe Seite 85.
Fahrbahn: Sammelbegriff für den Fahrweg der Eisenbahn, bestehend aus Gleis, Schotterbett und Unterbau (Fundament). Nicht als Teil der Fahrbahn gelten die Stromversorgung sowie die in diesem Buch behandelten Sicherungsanlagen und die Ingenieurbauten (Brücken, Tunnels).
Fahrbegriff: →Signalbegriff
Fahrdienstleiter: →Zugverkehrsleiter.
Fahrplan: Im engeren Sinn die detaillierte Anweisung an das Betriebspersonal für die Durchführung einer Zugfahrt bezüglich Abfahrtsort, Weg, Zeitablauf und Ziel (Bild unten). In summarischer Form zu Streckenfahrplänen zusammengefasst und in weiter vereinfachter Ausführung als Publikumsfahrplan veröffentlicht. Der Fahrplan ist die Grundlage

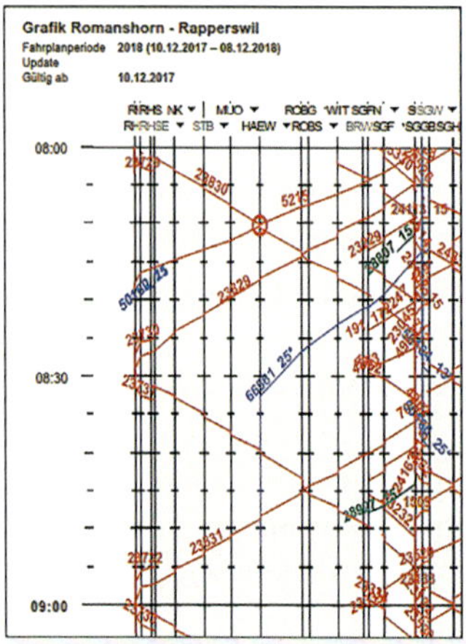

		S4 23430	S8 23830	S81 24332	S8 23832	VAE 2568 (🍷)	S81 24334	S4 23434	S8 23834
Romanshorn 3 20			759		829				859
Neukirch-E			802		832				902
Steinebrunn	×		804		834				904
Muolen	×		806		836				906
Häggenschwil	×		809		839				909
Roggwil-Berg	×		812		842				912
Wittenbach 21			817		847				917
SG St. Fiden 3		816	820		851			916	920
St. Gallen 3 22	o	820	↙824		855			920	↙924

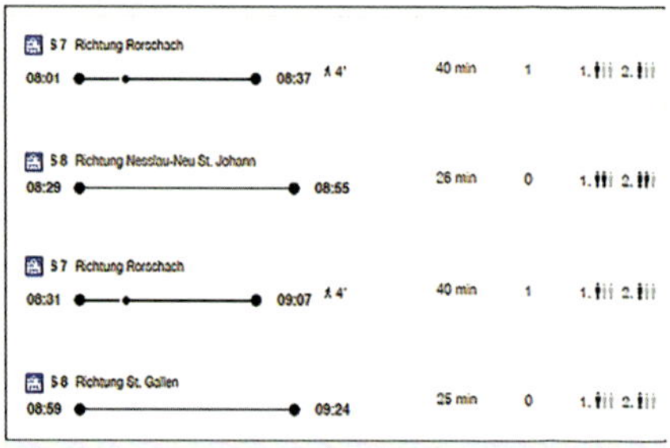

Fahrplan: Grafisch (links), Kursbuch (oben) und elektronisch (unten).

Gleis frei – und technisch gesichert!

eines geordneten und sicheren Bahnbetriebs.

Fahrstrasse: Vom →Stellwerk durch die Stellung von →Weichen und →Signalen gesicherter und von der →Gleisfreimeldung überwachter Gleisabschnitt.

Fail-safe: Konstruktionsprinzip für sicherheitskritische Anlagen. Bei einer Störung «kippt» das System zwangsläufig auf die sichere Seite. Konkret: Ein →Signal kann nur «freie Fahrt» anzeigen, wenn die Technik perfekt funktioniert.

Flankenfahrt: Seitliche Kollision zweier Züge, typischerweise auf einer →Weiche.

Flügel (Signal-): Beweglicher Teil eines →Signals früherer Bauart. Siehe Seite 54.

Folgefahrt: Kollision zweier in die gleiche Richtung fahrender Züge.

Formsignal: →Signal mit beweglichen Anzeigeelementen. In der Schweiz nicht mehr im Gebrauch.

Gefahrpunkt: Der Ort, an welchem nach dem Überfahren eines «Halt» zeigenden Signals eine gefährliche Situation entstehen könnte; er liegt hinter dem Haltepunkt. Beispiel Einfahrt in einen Bahnhof: Der Gefahrpunkt ist die erste Weiche des Bahnhofs.

Gegenfahrt: Kollision zweier in die entgegengesetzte Richtung fahrender Züge.

Gleis: Sammelbegriff für den aus Schienen, Schienenbefestigungen und →Schwellen bestehenden Teil der →Fahrbahn.

Gleisfeld: Gruppe von Gleisen in einem Bahnhof.

Gleisfreimeldung: Die technisch abgesicherte Meldung, dass kein Fahrzeug auf dem Gleis steht. Siehe Seite 57.

Gleisstromkreis: Technische Einrichtung zur Feststellung, ob ein Gleisabschnitt frei oder durch Fahrzeuge besetzt ist. Siehe auch →Gleisfreimeldung.

Herzstück einer Weiche

GSM-R: An die Bedürfnisse der Eisenbahn angepasste, besonders gesicherte Version des Mobilfunkstandards GSM (das «R» steht für «Railways»). Rückgrat der Kommunikation zwischen Zug und →Radio Block Center beim Zugsicherungssystem →ETCS.

Hauptsignal: Signal an der Grenze eines →Blockabschnitts, steht in Bremsdistanz hinter dem →Vorsignal.

Heissläufer: Technische und potenziell gefährliche Störung, verursacht durch eine blockierte Radbremse, zumeist an Güterwagen. Siehe →Zugkontrolleinrichtungen (s. 75ff)

Herzstück: Bauteil einer →Weiche.

Iltis: →Zugleitsystem des Herstellers Siemens. Siehe Seite 115.

Indusi (Induktive Sicherung): Deutsches →Zugsicherungssystem. Siehe Seite 80.

Innenverschluss: Siehe →Weichenverschluss.

Integra: Früherer Name des später von Siemens übernommenen Herstellers der Domino-Relaisstellwerke und des Schweizer Zugbeeinflussungssystems →Signum. Siehe Seite 79.

Integrität: Im Zusammenhang mit Bahnsicherheit die sichere, schlüssige, widerspruchsfreie und vollständige Verfügbarkeit kritischer Informationen. Umgangssprachlich etwa «Vertrauenswürdigkeit».

Isolierstoss: Kurzer, elektrisch isolierter Unterbruch einer →Schiene. Siehe auch →Gleisfreimeldung und Seite 59.

Jüdel-Verschluss: siehe →Weichenverschluss.

Klinkenverschluss: siehe →Weichenverschluss.

Langsamfahrstelle: Ein Abschnitt, welcher aus vorübergehenden Gründen (z.B. Unterspülung im Gleisbett) mit einer reduzierten Geschwindigkeit befahren werden muss.

Laternen: Bahntechnische Bezeichnung für die Lampen in →Signalen.

Leitstelle: Vorgängerin der →Betriebszentralen, dient zur Steuerung und Überwachung der Zugsfahrten von mehreren →Stellwerken.

Leittechnik: Die Summe aller technischen Einrichtungen, um →Stellwerke an unterschiedlichen Orten automatisch und bei Bedarf manuell von einem zen-

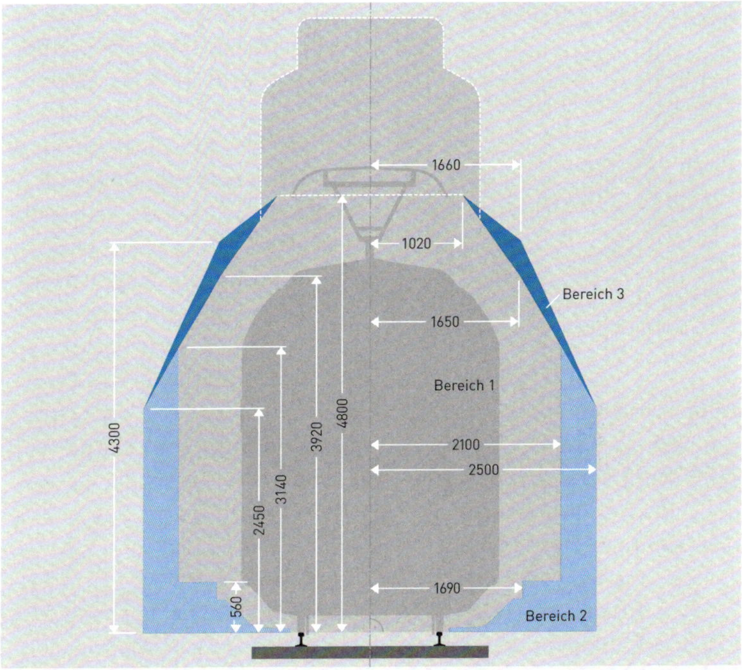

Typisches Schweizer Lichtraumprofil (Normalspur, Masse in Millimetern)

tralen Bedienplatz aus zu steuern. Siehe Seite 115ff.

LEU (Lineside Electronic Unit): Teil der Streckenausrüstung von →ETCS; verbindet die →Eurobalise mit den an der Strecke befindlichen →Signalen. Der angezeigte →Signalbegriff des →Stellwerks wird von der LEU eingelesen und in ein ETCS-Datentelegramm umgewandelt.

LEU

Level 1 FS (Full Supervision): Version von →ETCS; siehe Seite 88.

Level 1 LS (Limited Supervision): Version von →ETCS; siehe Seite 88.

Level 2: Version von →ETCS; siehe Seite 88.

Lichtraumprofil: Der Raum (bzw. der hypothetische Tunnel) rund um die →Fahrbahn, den ein Zug braucht, um nirgends anzuecken, plus Sicherheitsabstände auf allen Seiten.

Relais

Lichtsignal: Siehe Seite 46.
Neubaustrecke (NBS): Kurzbegriff für die Schnellfahrstrecke der SBB zwischen Mattstetten und Rothrist (Linie Bern–Olten). Erste erfolgreich mit →ETCS-Ausrüstung ausgerüstete Schweizer Strecke mit Höchstgeschwindigkeit 200 km/h. Siehe Seite 85.
Perron: Schweizer Ausdruck für Bahnsteig.
Radio Block Center, RBC (deutsch ETCS-Streckenzentrale): Teil von →ETCS Level 2 und 3. Schnittstelle bzw. «Vermittler» zwischen →Stellwerk und Zug. Das RBC überwacht den Zug aufgrund seiner Positionsmeldungen und erteilt ihm per Funk (über →GSM-R) die jeweils aktuellen Fahrbefehle.
Radlast: Die von einem Rad auf die Schiene übertragene Kraft. Entspricht der Hälfte der →Achslast.
Rangieren: Verschieben von Eisenbahn-Fahrzeugen innerhalb eines Bahnhofs. Bezüglich Bahnsicherung besonders anspruchsvoll, da hier allgemeine Grundsätze, wie z.B. «nur ein Zug pro Gleisabschnitt», vorübergehend missachtet werden müssen. Für das Rangieren gelten deshalb besondere Regeln, Signale und niedrige Fahrgeschwindigkeiten.
Raumabstand: Grundprinzip der Bahnsicherung: Das Netz ist in →Blockabschnitte unterteilt. Ein Zug darf erst in einen Blockabschnitt einfahren, nachdem der vorausfahrende Zug diesen eindeutig verlassen hat. Gegensatz: →Zeitabstand.
RBC: →Radio Block Center
Redundanz: Wörtlich «Überflüssigkeit». Im Zusammenhang mit technischer Sicherheit die mehrfache Absicherung kritischer Prozesse durch Verdoppelung.
Relais: Mechanischer Stromschalter. Durch Anlegen einer Spannung wird ein Arbeitsstrom ein- oder ausgeschaltet.
Relais-Stellwerk: siehe →Stellwerk.
Rucksack: Bahninterner, umgangssprachlicher Ausdruck für die technische Ausrüstung, mit der ältere Schweizer Triebfahrzeuge ohne ETCS-Ausrüstung das Lesen von →Balisen erlaubt.
Schutzweiche: Weiche zur Sicherung einer →Fahrstrasse vor einer →Flankenfahrt. Siehe Seite 25.
Semaphor: Der bewegliche Teil eines →Formsignals.
Signal: Siehe Seite 41.

Signalbegriff: Die Aussage eines Signals. Beispiel: «Fahrt mit 40 km/h».
Signalfall: Fachbegriff für die Missachtung eines «Halt» zeigenden Signals.
Signalkelle: Stab mit runder, farblich gekennzeichneter Endplatte. Früher das Werkzeug, mit dem der Bahnhofsvorstand den Abfahrbefehl erteilte. Heute nur noch selten gebraucht.
Signaltafeln: «Verkehrssignale» der Eisenbahn mit konstanter Aussage. Beispiel: Gleisabschnitt mit reduzierter Höchstgeschwindigkeit.
Signum: Früheres Schweizer Zugsicherungssystem der Firma Integra. Siehe Seite 79.
Simis: Familie von elektronischen Stellwerken des Herstellers Siemens.
Spurführung: Das Grundprinzip der Eisenbahn. →Spurweite.
Spurkranz: Wulst auf der Innenseite der Eisenbahnräder; führt das Fahrzeug und verhindert die Entgleisung.
Spurweite: Der Abstand zwischen den Fahrkanten (Innenkanten) der →Schienen. Die in Westeuropa vorherrschende «Normalspurweite» beträgt 1435 mm; für Meterspurbahnen und Strassenbahnen beträgt sie meist 1000 mm. Grössere Spurweiten erlauben höhere Geschwindigkeiten.
Stationsvorstand: Verantwortlicher Leiter eines Bahnhofs. Heute nur noch bei kleinen Bahnunternehmen vorhanden.
Stelltisch: Klassisches Bedienungsfeld eines →Stellwerks in der Vor-Computer-Zeit. Das →Gleisfeld ist auf einer horizontalen (Pult) oder vertikalen Fläche (Tafel) grafisch darge-

Dreischienengleis für Spurweiten 1000 und 1435 mm

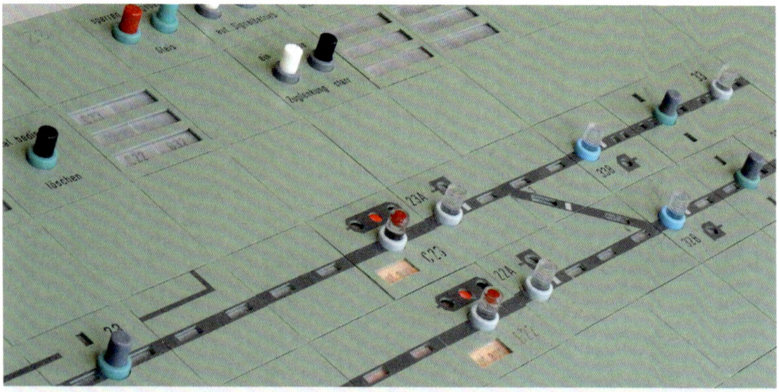

Stellwerk-Bedienpult

stellt, →Fahrstrassen werden durch Knopfdruck eingestellt.

Stellwerk: Zentrale technische Anlage für die Betätigung von →Weichen und →Signalen sowie für die Überwachung und Sicherung von →Fahrstrassen. Siehe Seite 95.

Strassenbahn: Nicht nur ein innerstädtisches Verkehrssystem, sondern auch der rechtliche Charakter jeder Bahn, insofern und insoweit sie auf einer Strasse verläuft. Beispiel: zahlreiche Lokalbahnen im Innerortsbereich.

Streckengeschwindigkeit: Die normale Geschwindigkeit für ein definiertes →Bremsverhältnis auf einem bestimmten Streckenabschnitt. Sie gilt, solange nicht eine durch ein Signal (→Fahrbegriff) oder wegen Bauarbeiten eine tiefere Geschwindigkeit angeordnet ist.

SUST: Abkürzung für «Schweizerische Sicherheitsuntersuchungsstelle». Die staatliche Behörde der Schweiz für die Untersuchung von Unfällen mit Bahnen, Flugzeugen und Schiffen. Ihre Berichte sind öffentlich und hier abrufbar: www.sust.admin.ch/de/sust-startseite/.

Telegramm: Kurztext, hier im Sinne einer telefonischen Kurznachricht (SMS).

Typ L: Siehe Seite 48.

Typ N: Siehe Seite 48.

Verfügbarkeit: Die Möglichkeit, eine bestimmte technische Einrichtung zu benützen. Nach der Sicherheit ist dies das zweite Ziel der Bahnsicherheit. Es sollen nicht nur keine Unfälle geschehen, sondern auch die Züge pünktlich fahren!

Vorsignal: Ankündigungssignal in Bremsdistanz vor einem →Hauptsignal. Siehe Seite 48.

Weiche: Eine Verzweigung im →Gleis, siehe Seite 63. Sonderbauformen mit dem gleichen Funktionsprinzip sind Bogenweichen und Kreuzungsweichen.

Weichen erlauben die Bildung von Bahnnetzen, das Rangieren usw.
Weichenverschluss: Verriegelt mechanisch die Weichenzunge mit der Backenschiene und verhindert somit das ungewollte Umstellen einer →Weiche.
Zu Funktion und Unterschied verschiedener Typen siehe Seite 64ff.
Weichenzungen: Die beweglichen Schienenteile einer →Weiche.
Zeitabstand: Grundprinzip der Bahnsicherung. Ein Zug darf dem vorausgefahrenen Zug erst nach Ablauf einer bestimmten, durch den Fahrplan definierten Zeit folgen. Heute noch in Teilen des nordamerikanischen Güterzugnetzes angewandt. Gegensatz: →Raumabstand.
ZUB: Schweizerisches Zugbeeinflussungssystem. Ergänzung von →Signum, heute bei den grösseren Bahnen durch →ETCS Level 1 LS ersetzt.

Anliegende Weichenzunge

Zugfolgezeiten: Der minimale Zeitabstand zwischen zwei Zügen. Wichtig auf stark befahrenen Strecken und abhängig von Geschwindigkeit, Blockabstand und Zugsicherungssystem. Zwischen Bern und Worblaufen (Linie Bern–Solothurn des RBS) werden in den Spitzenzeiten Zugfolgezeiten von 75 Sekunden erreicht. Die SBB erreichen zwischen Mattstetten und Rothrist (Linie Bern–Olten) 2 Minuten bei 200 km/h.
Zugkontrolleinrichtung: Ortsfeste Einrichtung zur automatischen Überwachung vorbeifahrender Züge zwecks Gefahrenabwehr.
Zugbeeinflussung: Technisches System, welches die Fahrt von Zügen in Abhängigkeit von der zulässigen Geschwindigkeit kontrolliert; bis 2016 in der Schweiz als Zugsicherung bezeichnet.
Zugsicherung: Die Gesamtheit der Massnahmen zur Sicherung des Zugverkehrs.
Zugtrennung: Die unbeabsichtigte Trennung eines Zugs während der Fahrt. Sehr selten und theoretisch sehr gefährlich, in der Praxis jedoch meist nur ärgerlich, da bei der Trennung die Bremsluftschläuche reissen und beide Zugteile sofort zum Stillstand kommen.
Zugverkehrsleiter (früher: Fahrdienstleiter): Bezeichnung für die Person, die in der →Betriebszentrale den Verkehr überwacht und organisiert.

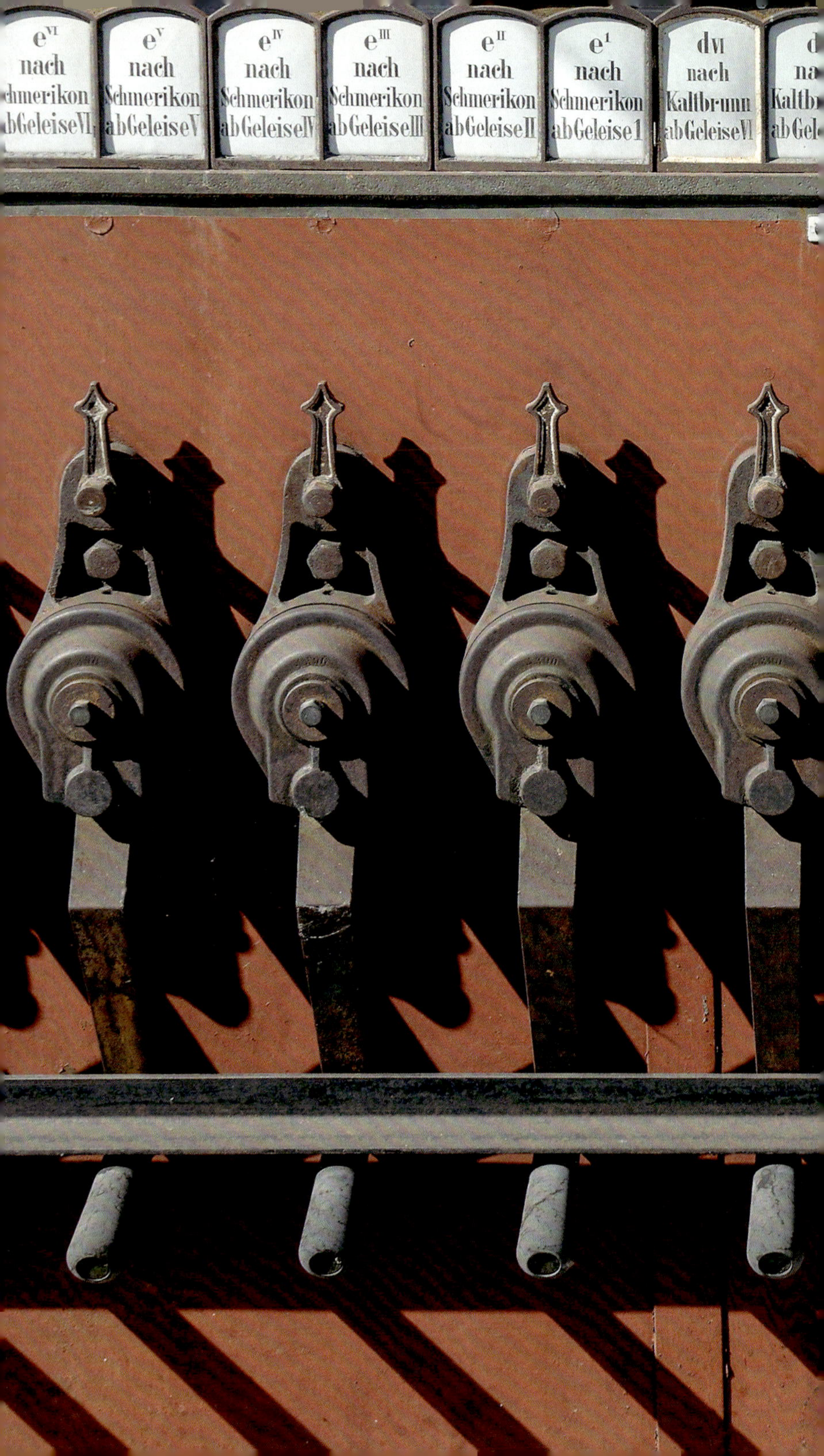
eV
nach
Schmerikon
ab Geleise V
eIV
nach
Schmerikon
ab Geleise IV
eIII
nach
Schmerikon
ab Geleise III
eII
nach
Schmerikon
ab Geleise II
eI
nach
Schmerikon
ab Geleise I
dVI
nach
Kaltbrunn
ab Geleise VI

Anhang

d^III nach Kaltbrunn ab Geleise III
d^II nach
d^I nach
c^V von
c^IV von
c^III von
Geleise III

Bildnachweis

Archiv: S. 33, 44, 64, 79, 95, 96, 97 links und rechts, 93, 98 unten,
AS Verlag, Bolz Urs: Alle Grafiken, S. 2/3, 31, 119, 146/147, 158/159
BLS: S. 9
Chowdhury Mitra: S. 35
Heinzer Markus: S. 23 unten
Hösli Ruedi: S. 59, 65 oben, 137
Moser Sepp: Umschlag vorn, S. 20, 37, 48, 49 oben, 51, 52 links und rechts, 53, 66, 77, 94, 99 oben und unten, 103, 106, 107, 116, 122, 123 oben und unten, 125, 131 unten, 134/135, 140, 144, 145
RBS: S. 127
Reiss Reinhard: S. 67 oben
RhB: S. 23 oben, 47 unten
SBB: S. 39, 54/55, 74
Schwarz Armin: S. 32
Siemens, Estermann Monika: 65 unten
Siemens, Gross Romeo: 138 oben
Siemens, Stuhrmann Hans: Umschlag hinten, S. 10/11, 12/13, 14/15, 29 oben und unten, 40, 45, 47 oben, 56, 61, 62, 68, 73, 78, 91 oben und unten, 93, 101, 109, 111, 113 oben und unten, 114, 120, 121, 128, 131 oben, 139, 141 unten, 142, 143
SOB: S. 16, 41, 43, 46, 63, 67 unten, 70, 98 oben, 101, 105 unten, 118, 138 unten
SUST: S. 21, 26
V-Rider: S. 38
VT Verkehrs- und Industrietechnik AG: S. 60
Vuillemin Pablo: 105 oben
Wikicommons: S. 18, 19, 69

In Fällen, in denen ein Nachweis oder die Benachrichtigung der Rechteinhaber nicht möglich war, bittet der Verlag die Inhaber des Copyrights um Nachricht.

Quellenverzeichnis

Adler Gerhard (Hrsg): Lexikon der Eisenbahn. Motorbuch, Stuttgart 1990
Barth Markus / Moser Sepp: Praxisbuch Fahrbahn. AS Verlag, Zürich, 2014
BAV: Schweizerische Fahrdienstvorschriften FDV. Bern
Elsasser Kilian: Schienen Weichen Schwellen. AS Verlag, Zürich, 2012
Fendrich Lothar: Handbuch Eisenbahninfrastruktur. Springer Vieweg, Wiesbaden, 2013
Fenner Wolfgang / Naumann Peter: Verkehrssicherungstechnik. Siemens, Erlangen, 1998
Hämmerli R.: Die Grundsätze der Sicherungsanlagen. Band 1 und 2, SBB, Bern
Lübke Dietmar (Hrsg): Das System Bahn. DW Media, Hamburg, 2008
Maschek Ulrich: Sicherung des Schienenverkehrs, Grundlagen und Planung der Leit- und Sicherungstechnik, Springer Vieweg, Wiesbaden
Moser Sepp: Warnsignal. Reinhardt, Basel, 2011
Pachl Jörn: Systemtechnik des Schienenverkehrs. Teubner, Stuttgart, 2016
Pottgiesser Hans: Sicher auf den Schienen. Birkhäuser, Basel, 1988
Preuss Erich: Stellwerke. Transpress Stuttgart, 2002
SBB: Signalbuch der Schweizerischen Bundesbahnen. Pharos, Basel, 1982
VÖV: Bahnübergang Basisdokumentation, R RTE 25931, Bern, 2012
VÖV: Kompendium Sicherungsanlagen, R RTE 25000, Bern, 2016

Zeitschriften :
ETR Eisenbahntechnische Rundschau, DVV Media Group, Hamburg
Global Railway Review, Russel, Brasted, U.K.
Schweizer Eisenbahn-Revue, Minirex, Luzern
Signal + Draht, DVV Media Group, Hamburg

Dank

Dieses Buch ist von drei Autoren im Team verfasst worden. Aber es wäre nie zustande gekommen, wenn die Autoren nicht in grossem Umfang die Unterstützung von Dritten genossen hätten. Zu besonderem Dank sind die Autoren folgenden Personen und Institutionen verpflichtet:

- Ihren Vorgesetzten Gerd Scheller (Siemens Mobility) und Markus Barth (Südostbahn), weil sie das Projekt initialisiert und ermöglicht haben;
- Den vielen Helfern im Hintergrund, ganz speziell Bernadette Reichlin und Kirsten Stuhrmann;
- Mehreren anderen Bahn- und bahnnahen Unternehmungen für ihre loyale Hilfe, insbesondere (in alphabetischer Reihenfolge) BAV, BLS, BOB, RBS, RhB, SBB und ZB;
- Zahlreichen Einzelpersonen für Rat, Tat und Aufmunterung;
- Zahlreichen Unternehmen – in erster Linie den nachfolgend aufgeführten Inserenten – für geldwerte und andere wertvolle Leistungen;
- Ungezählten Einzelpersonen aus der Welt der Eisenbahn, deren Informationen und Hilfestellungen in dieses Buch eingeflossen sind;
- Und nicht zuletzt den Familien der Autoren, die sich mit Stressphasen und durchgearbeiteten Wochenenden loyal abgefunden haben.

Schliesslich sollen auch jene in den Dank eingeschlossen werden, die zwar nicht an diesem Buch mitgearbeitet haben, deren dauernder Einsatz – bei Wind und Wetter, Schnee und Regen, Sturm und Kälte, nachts und an Wochenenden – es überhaupt erst ermöglicht, dass die Eisenbahn ein sicheres Verkehrsmittel ist und bleibt.

Bahnsicherheit lässt sich nicht nur durch die Brille der Objektivität betrachten, wie es in diesem Buch getan wird. Im Sommer 1996 erhielten 40 Künstlerinnen und Künstler die Gelegenheit, auf dem stillgelegten SBB-Gleis zwischen Subingen (SO) und Solothurn ihrer Fantasie rund um das Thema «Eisenbahn» freien Lauf zu lassen. Josef und Rolf Imhof kümmerten sich mit diesem Universal-Signal um das Thema Sicherheit. Die fantasievolle Skulptur lässt keinen Zweifel daran, dass hier nie ein Unfall geschehen wird. – Inzwischen sind die Kunstwerke verschwunden, die Realität ist zurückgekehrt und das Gleis abgebaut.

KONSTANTE PRÄZISION
MACHT DEN MEISTER
www.stadlerrail.com
STADLER

PERFORMANCE
ON TRACK®
Innovative Systemlösungen
für moderne Netzwerke
voestalpine
ONE STEP AHEAD.
www.voestalpine.com/railway-systems

Schiene im Fokus
www.sersa.ch
sersa
Ein Unternehmen der
RHOMBERG SERSA RAIL GROUP

Ihr Partner für innovative Bahn-Sicherungstechnik
Innovative Lösungen gegen den Klimawandel
THALES
Search: Thalesgroup
THALES
Together • Safer • Everywhere

BÄR BAHNSICHERUNG
KLUGE LÖSUNGEN FÜR SICHEREN BAHNVERKEHR
baer-ing.ch
Fehraltorf | Olten | Lausanne
est. 1988
30
WIR ENTWICKELN, PLANEN, BAUEN UND PRÜFEN SEIT
30 JAHREN EISENBAHNSICHERUNGSANLAGEN

TRACK SIDE
Trackside
Acherweg 15 I CH-6370 Stans
Telefon +41 (0)41 611 06 62
Telefax +41 (0)41 611 06 64
info@trackside.ch
www.trackside.ch
Bahnsicherheit mit System

Die Zentralbahn.
SBB CFF FFS
Entdecken Sie einzigartige Landschaften.

Schneller zum Shopping?
Swipe-In starten, einsteigen und ankommen.
abilio
Deine App für's Unterwegs
Laden im App Store
JETZT BEI Google Play
Erfahre mehr unter abilio.ch

Für Entdecker
SOB SÜDOSTBAHN
gerade unterwegs

SIEMENS
Bahnsicherung von
Siemens Mobility
Wir decken die komplette Wertschöpfungskette der
Bahnsicherungstechnik ab: von der Komponente bis zum
Consulting. Damit sorgen unsere Bahnsicherungsanlagen
schweizweit für einen reibungslosen Bahnverkehr.
siemens.ch/mobility